"十三五"江苏省高等学校重点教材 编号：2020-2-022

基于玄铁802/803微处理器内核的嵌入式系统设计

钟 锐 凌 明 陈志坚 编著

东南大学出版社
SOUTHEAST UNIVERSITY PRESS
·南京·

图书在版编目(CIP)数据

基于玄铁 802/803 微处理器内核的嵌入式系统设计 /
钟锐，凌明，陈志坚编著. —南京：东南大学出版社，
2020.12

ISBN 978－7－5641－9313－3

Ⅰ.①基… Ⅱ.①钟… ②凌… ③陈… Ⅲ.①微处理
器-系统设计 Ⅳ.①TP332

中国版本图书馆 CIP 数据核字(2020)第 251001 号

基于玄铁 802/803 微处理器内核的嵌入式系统设计

编　　著	钟　锐　凌　明　陈志坚	
出版发行	东南大学出版社	
出 版 人	江建中	
社　　址	南京市四牌楼 2 号(邮编 210096)	
印　　刷	常州市武进第三印刷有限公司	
经　　销	全国各地新华书店	
开　　本	787 mm×1092 mm　1/16	
印　　张	11	
字　　数	267 千字	
版　　次	2020 年 12 月第 1 版印刷	
印　　次	2020 年 12 月第 1 次印刷	
书　　号	ISBN 978－7－5641－9313－3	
定　　价	36.00 元	

＊ 本社图书若有印装质量问题,请直接与营销部联系,电话:025—83791830。

序 ❀Preface

集成电路产业是支撑经济社会发展和保障国家安全的战略性、基础性和先导性产业。近些年来，随着5G通信、人工智能、信息安全、物联网等各种新兴应用的崛起，迎来了我国集成电路产业发展的重要战略机遇期和攻坚期。为缩短与西方发达国家的巨大差距，我国集成电路核心技术的突破和产业化是我们面临的重要任务。国家出台的《集成电路产业发展纲要》为我国集成电路产业发展创造了良好条件。2020年7月国务院最新出台的《新时期促进集成电路产业和软件产业高质量发展的若干政策》(国发[2020]8号文)是我国集成电路技术和产业跨越发展的指导性文件，更吹响了国产自主可控发展集成电路产业的集结号！

中央处理器(CPU)是集成电路诸多产品中"皇冠上的明珠"。根据中国海关总署公布的数据，2019年中国进口的CPU及控制器相关器件数量约为1 207亿块，在集成电路总进口量中占比23.07%；金额为1424.77亿美元，在总进口额当中占比46.63%。

CPU产品有面向服务器、桌面和嵌入式等三大类应用。由于发达国家电子信息化拥有先发优势，形成了很高的市场准入门槛，因此服务器与桌面CPU应用领域主要被英特尔、AMD等国外企业垄断。相对而言嵌入式CPU领域我国实施自主研发技术突破并产业化的空间较大。阿里巴巴平头哥半导体有限公司的前身是杭州中天微系统有限公司，是一家从事嵌入式CPU IP核设计和授权的集成电路设计企业。平头哥公司拥有自主的指令系统和CPU架构(玄铁指令系统与架构)，是中国大陆地区极少数具备自主知识产权指令系统并成功实现产业化的处理器之一。截止到2019年，获得平头哥公司CPU授权许可的企业超过100家，平头哥CPU内核的芯片累计出货量超过15亿片。目前，平头哥CPU内核已广泛应用到无线接入、语音识别、智能视觉、智能家电、工业控制以及物联网安全等产品上。

本书首先详细介绍了玄铁803内核的体系结构、编程模型和异常处理等方面的知识，让读者了解嵌入式CPU内核的基本工作原理。继而介绍了以玄铁802为内核的Hobbit微处理器，并以其为例，阐述了以该芯片为核心，包括其他外围电路在内的嵌入式系统硬件的组成。在此基础上，又介绍了集成开发环境及底层驱动和上云操作等软件开发过程。

本书的作者包括东南大学电子学院国家 ASIC 中心的钟锐副研究员、凌明副教授和阿里巴巴资深技术专家陈志坚博士。他们十多年来在自主 CPU 内核、片上系统芯片 SoC 设计和嵌入式系统开发方面积累了丰富的研发经验与成果。本书是一本嵌入式系统入门教材，从 CPU 内核开始，逐渐上升到 SoC 芯片和嵌入式系统开发等阶段，力图给读者一个从硬件内部到外部、从软件底层到上层的完整视角，从而更系统地了解现代嵌入式系统的构成及其软硬件协同工作的机理。

　　通过本书系统而深入浅出的介绍，相信读者能够通过对玄铁 802/803 处理器的学习，掌握嵌入式系统的基本知识与能力，为后续进一步地深入学习打下坚实的基础。同时，我也相信本书的出版对于探索国产自主可控 CPU 的应用和推广具有积极意义。

严晓浪

国家示范性微电子学院建设专家组组长

目录 Contents

第 1 章

嵌入式系统与嵌入式微处理器概述

1.1 什么是嵌入式系统

关于嵌入式系统的定义可以说是众说纷纭，IEEE(Institute of Electrical and Electronics Engineers，电气和电子工程师协会)给出的定义是"嵌入式系统是用来控制、监控或者辅助操作机器、装置、工厂等大规模系统的设备。"而维基百科给出的定义则是"所谓嵌入式系统是指完全嵌入受控器件内部，为特定应用而设计的专用计算机系统。"国内学术界和工业界普遍接受的定义则是"嵌入式系统是指以应用为中心，以计算机技术为基础，软件硬件可剪裁，适应应用系统对功能、可靠性、成本、体积、功耗严格要求的专用计算机系统。"

总而言之，与巨型机、服务器、工作站和个人电脑(PC)等通用计算平台不同，嵌入式系统是为特定应用设计的专用计算机系统。所谓通用计算平台，是指计算机的功能主要取决于所运行的软件系统，不同的软件决定了通用计算机系统的功能，比如在服务器上运行 Web 服务器，那么这台服务器的主要功能就是作为网页服务器；而如果运行的是打印服务，那么该服务器的主要功能就是作为打印服务器。嵌入式系统则通常具有一个非常特定的应用功能，比如即使在今天智能手机的功能已经非常强大，可以集成大量的应用，但是其作为电话的功能却必须是首先实现的。所以从最广义的角度上来看，只要是专用计算机系统都可以称为嵌入式系统，甚至有种开玩笑似的定义：所谓嵌入式系统就是 PC 取反，所有非 PC 类的计算机系统都是嵌入式系统。甚至 PC 也是由嵌入式系统构成的，比如键盘控制器、硬盘的控制器构成的专用控制系统等。

从嵌入式系统的定义我们可以知道嵌入式应用其实无处不在，现代生活每天都在和嵌入式系统打交道。据观研天下公司的预测，2020 年仅全球出货的智能手机就将达到 24 亿部，而围绕物联网、工业控制、汽车电子、网络通信等传统嵌入式设备应用，2020 年全球出货的嵌入式微处理器将达到百亿颗以上。可以不夸张地说，嵌入式应用和相关技术支撑了全球电子信息类产业的大半江山。

与通用计算平台不同，嵌入式应用往往更加强调系统的高性能、低成本、低功耗以及实时性、可靠性等设计因素。尤其是对于消费电子这类面大量广、强调用户体验并且采用电池供电的设备而言，系统的性能、成本以及功耗是必须考虑的优化目标。然而，高性能往往意味着高成本和高功耗,如何在性能、成本与功耗间折中是这类产品设计过程中必须面对的挑战。

值得一提的是,传统上归入嵌入式系统设备的移动电话等消费电子类产品,由于采用更加强大的处理器以及相关硬件和操作系统,在这些设备上集成的功能也越来越丰富,比如智能手机和平板电脑已经可以实现浏览网页、处理邮件、使用办公软件、玩游戏、观看高清视频、欣赏高保真音乐等功能,使得这类产品已经越来越具备通用计算平台的特征,也就是设备的功能取决于其上所安装的软件系统。在这类产品上嵌入式专用计算平台与通用计算平台的界限正在变得模糊。

1.2 嵌入式系统的分类

根据不同的分类标准我们可以对嵌入式系统进行不同的分类,本节我们将从实时性和应用领域两个维度对嵌入式系统进行分类,虽然任何分类方法都很难准确地划分纷繁复杂的不同应用和产品形态。

1.2.1 基于实时性的分类

所谓实时性是指系统运行的正确性不仅仅取决于功能的正确完成,还取决于在规定的时间内完成该功能。按照系统对于实时性要求的严格程度,我们可以简单地将嵌入式系统划分为非实时系统、软实时系统和硬实时系统。

(1)非实时系统。在非实时系统中,系统的功能正确性仅仅取决于功能是否正确执行,而与功能执行的时间无关。简单地说,比如我们在手机或平板电脑上打开一个 Word 文档并进行编辑,这个功能的正确性仅与文档是否正确打开,与是否能够正常编辑并保存有关,而与打开文档所耗费的时间无关(打开文档耗时长仅仅影响用户体验,而不影响功能)。

(2)软实时系统。软实时系统的功能正确性不仅与功能执行有关,而且该功能必须在规定的时间内完成,否则将造成系统的功能不正常或故障,虽然这种不正常或故障并不会引起崩溃性和灾难性后果。移动电话的语音编解码系统就是一个典型的软实时系统,语音编解码系统必须在规定的时间内完成语音的采样和编码,并在规定的时间内封装成可传输的通信帧进行传输。如果系统不能在规定的时间内完成此项工作,就有可能造成通话质量的下降或停顿。另外,移动智能终端上的音乐播放软件和视频播放软件都必须在规定的时间内完成音频或视频文件的解码,否则将造成音乐或视频播放的卡顿。

(3)硬实时系统。硬实时系统要求系统必须在规定的时间内完成规定的功能,否则将造成崩溃性后果。火箭的控制系统可能是硬实时系统的最好例子,如果控制系统不能在规定的时间内完成对各路传感器传回数据的分析并做出控制响应的话,整个火箭系统将可能出现不可逆的灾难性后果。硬实时系统的另外一个比较直观的例子是汽车的安全气囊。想象一下，如果安全气囊弹出前需要用户点击"确认"按钮会是一个什么样的状况。

关于嵌入式系统的实时性设计与分析是学术界和工业界研究的一个热门领域，随着系统复杂性的不断增加，如何保证任何情况下都能在规定的时间内做出正确的响应是一个巨大的挑战。

1.2.2 基于应用领域的分类

正如我们在上一节所说的，嵌入式系统的应用领域几乎涵盖了所有非 PC 的计算机系统，因此基于应用领域对嵌入式系统进行分类是一件困难的事。通常情况下，我们将嵌入式系统的应用领域划分为以下几大类：

（1）消费电子类产品。毫无疑问消费电子类产品是应用领域最为面大量广、产品形态各异、竞争异常激烈的嵌入式系统应用领域。我们可以将这个应用领域进一步细分为：个人信息终端类产品、办公自动化类产品和家用电器类产品。个人信息终端类产品包括手机、平板电脑、数码相机、数码摄像机、移动媒体播放器、个人游戏终端等；办公自动化类产品包括打印机、复印机、传真机等；家用电器类产品则包括电视机（含互联网电视）、家庭影院系统、机顶盒、冰箱、洗衣机等。

（2）网络通信类产品。网络通信类产品构建了整个信息网络的基础，主要包括交换机、接入设备、路由器、防火墙、VPN 设备等。

（3）汽车电子类产品。汽车电子领域是嵌入式系统的传统应用领域，主要包括汽车的引擎控制系统、安全系统（防抱死系统、安全气囊）、车载导航系统和娱乐系统等。由于车载环境比较恶劣（温度、震动、灰尘等），车载系统往往对设备的可靠性、稳定性有着严格的要求。

（4）工业控制类产品。工业控制也是一个非常宽泛的应用领域，主要包括工控 PC、程控机床、智能仪表、生产线控制等。另外，我们有时也将交互式终端类产品归入工业控制类产品，这类产品包括各类型的非 PC 类的网络终端，比如税控收款机、POS 机具、各种信息查询终端等。

（5）医疗电子类产品。医疗电子类产品包括传统的医疗设备和医疗信息化所需要的各类设备。前者既包括大型的 CT 机、核磁共振扫描仪，也包括小型的生命体征监护仪、呼吸机、血压计等；后者涉及的面也非常广泛，包括药品物流所需要的各种查询终端、病人住院信息查询终端、医生的电子病历等。

（6）军工及航天类产品。军工和航天类产品一般是作为武器系统或航天器系统的相关控制系统、导航系统等，涉及的面也非常广泛。通常情况下这类产品都是硬实时系统，而且对于系统的稳定性、可靠性有着非常高的要求。

另一方面，由于移动互联网和物联网的兴起，这两大领域的应用已经深刻改变了传统嵌入式系统应用的产品形态和商业模式。从内容上看,这两类应用的覆盖面非常广泛,甚至超越了传统的嵌入式系统领域,比如物联网的传感器层和网络通信层可以划归为嵌入式系统,但是其后台的云计算平台则属于其他的计算系统(通用计算平台)。另外,移动互联网终端(通常是手机)可以被认为是嵌入式系统(虽然这些终端的通用计算属性的特征越来越明显),但是作为移动互联网必不可少的应用服务平台通常是由规模巨大的服务器集群或者是计算中心来支撑的(想象一下微信的用户量和支付宝的用户每日交易额就可以知道其后台系统的计算规模)。从这两类应用的发展也可以看出,传统封闭和孤立的嵌入式系统已经逐渐被越来越多的互联应用所取代。从这个角度看,未来的应用将构建一个巨大无比的信息网络,所有的设备都连接在这个网络上,前端的各类传感器将负责采集来自物理世界的各类信息,并通过各类网络通信技术将这些信息汇总到连接在这个信息网络的各类计算中心的服务器之中,这些服务器除了要支持这些数据的存储和检索外,更重要的是要对这些数据进行处理,从海量的数据中提取出有价值的信息(这个过程就是被广泛热议的"大数据""云计算"以及现在如日中天的"人工智能")。而作为数据获取方,传统的 PC 将逐渐退到次要地位,取而代之的是各类信息终端,尤其是以手机为代表的移动信息终端。

1.3　嵌入式系统的核心:嵌入式微处理器

与所有的计算机系统相似,所有的嵌入式系统从本质上来说其实是一个信息的处理系统。在这个信息的处理过程中,需要采集物理世界的信息,对这些信息进行相应的处理后,再通过相应的机制将处理的结果显示,传输或控制相应的执行机构进行相应的操作。在这个过程中,最重要的模块就是数据的处理单元。通常我们将这个模块称为嵌入式微处理器,不同的厂商和上下文可能会采用不同的名称。比如针对工业控制领域和其他深嵌入式应用的嵌入式微处理器通常被称为微控制器,而手机中负责处理通信的处理器被称为基带处理器(或通信处理器),负责用户交互与运行用户程序的处理器则被称为应用处理器(Application Processor,AP)。本书将不再区分这些细分的名称,而将它们统称为嵌入式微处理器。

1.3.1　嵌入式微处理器的基本架构与组成

与传统的 PC 架构不同,嵌入式微处理器芯片往往将整个系统集成在一颗硅片上,包括存储控制器、图形处理器、通信接口等。由于此类芯片将一个系统集成到一颗硅片上,我们也往往将其称为系统芯片或者片上系统(System on a Chip,SoC)。国内外学术界一般倾向于将 SoC 定义为:集成微处理器内核、模拟 IP 核、数字 IP 核和存储器(或片外存储控制接口)的单一芯片。SoC 就是一个微型系统,可被认为是计算机系统的一个子集,如图 1-1 所示正是一个典型的嵌入式微处理器芯片的架构。

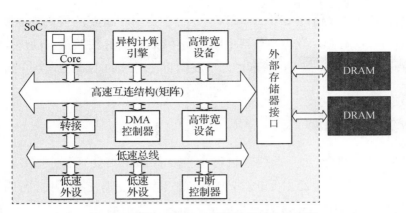

图1-1　嵌入式微处理器芯片的架构示意图

　　嵌入式微处理器的核心是中央处理单元(也就是我们常说的CPU内核Core),随着现代嵌入式应用的功能复杂度不断提高,SoC中所集成的CPU内核的性能也越来越强大,以往通常在高性能桌面系统甚至服务器系统中采用的处理器设计技术也不断地被融合到嵌入式CPU的设计中,比如多核技术(CMP)、超深流水线技术、指令分支预测、多级高速缓存、乱序执行技术、指令多发射技术以及单指令多数据流(SIMD)技术等。但与传统桌面系统以性能优化为主要目标不同(现代桌面系统CPU也要考虑成本和功耗因素),嵌入式CPU设计需要在性能、成本、功耗之间做权衡与折中。

　　正如我们前面介绍的,现代嵌入式微处理器往往需要将系统的大部分功能模块集成到一个芯片(或一个封装)内,因此将所有这些功能模块互联成为系统的互连结构无疑是此类芯片的内部高速公路,对于SoC的性能、功耗有着决定性的作用。为了兼顾高带宽设备与低速设备对于数据吞吐量的不同需求,并最大限度降低系统能耗,现代SoC架构中往往采用高速互连结构与低速总线混合的架构。

　　在嵌入式微处理器的高速互连结构中不仅挂接了作为主控核的嵌入式CPU,还挂接了其他对带宽有较高要求的高速设备,比如LCD控制器、DMA控制器等。另外,随着系统(尤其是以智能手机为代表的消费电子类应用)对于图形、图像、视频、高保真音频等多媒体性能的要求不断提高,此类SoC中往往还在高速互连结构上集成了专门用于处理媒体数据的计算引擎(比如图形处理单元GPU、视频处理单元VPU以及面向安全应用的加密引擎等等)。在高速互连结构上的所有设备都对存储器带宽和延时往往有着较高的要求。

　　如果说高速互连结构是SoC芯片内部的高速公路,那么存储子系统无疑就是SoC芯片的仓库。冯·诺依曼架构的本质特征就是程序存储的思想,所有需要处理的数据和处理这些数据的指令以及处理完成的结果最终都是存放到存储器中的。因此,SoC的存储子系统也是整个SoC性能、成本、功耗的瓶颈。

　　SoC中的低速设备通常包括定时器(Timer)、串口(UART)、通用I/O(GPIO)、音频接口(I2S 或 AC97)、其他通信口(SPI、I2C 等)。这其中有一个重要的模块是中断控制器。中断控制器负责接收所有芯片模块和外部中断源的中断请求,并按照预定的优先级和屏蔽码决定最终选择哪个中断源向 CPU 提起中断。我们将在后续的小节中分别介绍 SoC 中的主要功能模块。

1.3.2 处理器内核

在 SoC 芯片中至少包含一个用于执行主控软件的中央处理器(也就是我们常说的 CPU)。CPU 负责运行系统的主要软件,管理整个系统的正常工作,并运行用户的应用程序。在某些复杂的系统中,SoC 中甚至集成了多个不同类型的 CPU,分别负责不同的功能,比如有些 CPU 负责运行操作系统,管理整个系统的硬件设备,并且运行用户的应用程序;有些 CPU 专门负责系统的无线通信(这类处理器往往被称为基带 CPU);另外,随着显示内容复杂度的增加,有些系统还集成了专门用于图像处理的图形处理器(GPU)。

我们把运行操作系统的 CPU 称为主 CPU,通常这个 CPU 负责管理系统的所有外设,包括基带 CPU 和图形处理器(GPU)等。随着软件规模和复杂度的不断增加,对于主 CPU 的计算能力提出了越来越高的需求,因此当前的主 CPU 除了集成越来越多以往用于服务器和桌面级处理器的高级技术(比如超标量乱序技术、指令分支预测、推测执行等)外,越来越多的主 CPU 还采用了多核架构,也就是在同一个芯片上集成多个同类型甚至是不同类型的 CPU 内核,这样系统的多个线程就可以并发地在多个处理器内核上运行,提升系统的能效比。这种多核技术通常被称为 CMP(Chip Multiple Processor,单芯片多处理器)。

1.3.3 片上互连

在芯片集成度和设计复杂度越来越高的今天,通过 IP 核重用将整个系统集成在一个芯片上,已经成为主流的设计方法。SoC 将 CPU 内核、存储器、专用功能/算法模块、外设接口等多个模块通过互连结构连接起来实现系统的功能。由于 SoC 中使用了越来越多的内核和其他模块,它们之间的通信需求也越来越高。为满足这些通信需求,各种片上互连机制得到研究和应用,而它们在 SoC 设计中的作用也越来越重要。常见的互连结构包括共享总线(Bus)、点到点连接(P2P,也被称为专用连接)和片上网络(NoC)。相较于后两者,总线是最常使用的互连结构,直到今天总线互连依然是简单的嵌入式微处理器芯片的首选互连方式。点到点连接和片上网络互连方式则被应用在对于通信带宽和延时要求非常高的应用中。由于本书的内容主要定位在微控制器领域,我们将重点介绍总线互连方式。

在总线结构中,传输(或称交易,Transaction)都是由主模块(Master)发起的,从模块(Slave)负责响应,当主模块发起总线交易请求(Request)并得到总线仲裁器(Arbiter)的许可(Grant)后,主模块占用总线(这时其他的主设备将不能使用总线),进行对某个从模块的数据传输。当一次传输完成后,主模块释放总线,其他的主模块可以通过仲裁器竞争下一轮的总线传输。

　　如图 1 - 2 所示,总线的基础结构是由仲裁器、地址译码器等模块所组成的总线控制部件。

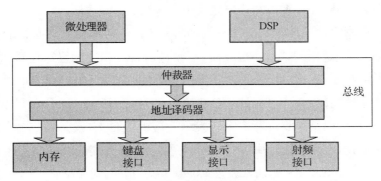

图 1 - 2　一般的总线构成

　　(1)仲裁器的功能是当总线支持多个主模块时仲裁占用总线的传输模块。仲裁器监视主设备发出的总线请求,根据内部设定的仲裁算法进行仲裁,并给出相应的控制信号,从而保证在任何时候只有一个主设备可以进行数据传输。

　　(2)译码器负责地址的译码,它将主设备发出的地址(或地址的一部分)译码为一组片选信号,这些片选信号将选通此次传输的从设备(目标设备)。

　　(3)多路选择器使整个总线结构互连起来,它把所需的控制信号和数据路由到相应的目的设备。为完成相应的路由功能,它分为主设备到从设备的多路选择器和从设备到主设备的多路选择器。

　　共享总线结构在芯片设计中的使用最为广泛,技术也很成熟。但对于通信要求很高的 SoC 来说,共享总线结构很容易成为性能的瓶颈。因为当总线通信非常频繁时,总线的有效带宽实际上是被多个主设备时分复用的。因此每个主设备的实际带宽将只有总线带宽的 $1/N$,其中 N 为总线上的主设备数。为了提高总线的传输效率,新的总线协议往往增加了一些新的传输模式,比如促发(Burst)传输、地址和数据的流水化(Pipeline)以及 Outstanding 传输等。

1.3.4　地址空间的分配

　　对于嵌入式微处理器来说,软件通常运行在 CPU 内核上以管理片上的所有其他资源,比如 DDR 存储控制器、中断控制器、定时器以及各种外设接口控制器。软件需要对指定的系统模块进行操作,无论何种互连结构,都需要“地址”的概念,以区分互连结构上不同的系统模块。地址映射表就是片上所有资源的地址分配列表,通常情况下不同的硬件设备(片上除 CPU 外的其他功能模块)分别占用一段预先分配好的地址空间,所有对于某个特定地址空间的读写访问操作,最终都会被互连结构映射到对于某个硬件设备的内部控制或者数据寄存器的读写操作。需要注意的是,地址映射表由互连结构的设计决定,因此可能存在不同的地址分配列表。对于交叉连接、片上网络上不同的处理器来说,同一系统模块的地址可能不同。我们在本书中介绍的地址空间将主要针对传统的总线结构,毕竟为了保证软件访问芯片内各个设备的一致性,大多数芯片依然采用了传统的编址方法。

嵌入式系统中常见的 ARM、PowerPC 等体系结构,包括本书重点介绍的玄铁 802/803 CPU,都采用统一的地址空间映射。也就是说,硬件设备的相应配置寄存器、内部缓冲区或 FIFO 都统一映射到 32 位(或 64 位,取决于 CPU 的地址位数)的内存空间中的一段地址空间。当处理器产生读写操作时,目标地址经由系统的地址译码器(通常在互连结构上)进行译码,互连结构根据译码结果将读写命令转发到对应的设备上,设备响应命令或返回数据,完成传输。如上所述,在现代设计中,内存空间包括存储器及其他硬件设备,CPU 可以通过统一的访存指令(对于 ARM 架构而言就是 Load/Store 指令,对于玄铁系列处理器而言则是 LD/ST 指令)经由 DRAM 控制器直接访问 DRAM 存储器对应的地址空间,也可以通过读写以太网控制器的硬件寄存器来收发数据包。

在嵌入式系统中,嵌入式微处理器的地址映射表通常是固定的,所有模块在 SoC 设计时就分配有相应的地址空间,系统软件设计者,特别是驱动开发人员首先需要了解所要操作模块的地址。表 1-1 是 Hobbit 微控制器[①]的地址映射表。

表 1-1　Hobbit 微控制器的地址映射表

地址范围	硬件设备	说明
0x0000_0000～0x0000_1FFF	ROM	启动 ROM 存储器
0x1000_0000～0x1003_7FFF	EFC	256KB Flash 存储器
0x4000_0000～0x4000_0FFF	AHB Arb	AHB 总线仲裁器
0x4000_1000～0x4000_1FFF	DMAC0	DMA 控制器 0
0x4000_2000～0x4000_2FFF	CLKGEN	时钟/复位/电源管理模块
0x4000_3000～0x4000_3FFF	REV	保留
0x4000_4000～0x4000_5000	DMAC1	DMA 控制器 1
0x4003_F000～0x4003_FFFF	2KB(OTP)＋2KB(REG)	Flash 存储器
0x4000_6000～0x4000_6FFF	REV	保留
0x4000_7000～0x4000_7FFF	REV	保留
0x4000_8000～0x4000_8FFF	REV	保留

---

① Hobbit 微控制器是采用了 CK802 作为主 CPU 的一款微控制器 SoC。

续表1-1

地址范围	硬件设备	说明
0x4000_9000～0x4000_9FFF	REV	保留
0x4000_A000～0x4000_AFFF	REV	保留
0x5000_0000～0x5000_FFFF	APB0 Bridge	APB 总线桥 0
0x5001_0000～0x5001_FFFF	APB1 Bridge	APB 总线桥 1
0x6000_0000～0x6001_3FFF	SRAM	80KB 片上 SRAM 存储器
0x5000_1000～0x5000_1FFF	WDT	看门狗模块
0x5000_2000～0x5000_2FFF	SPI0	同步串行接口模块 0
0x5000_3000～0x5000_3FFF	RTC0	实时时钟模块 0
0x5000_4000～0x5000_4FFF	UART0	通用异步串行接口模块 0
0x5000_5000～0x5000_5FFF	UART1	通用异步串行接口模块 1
0x5000_6000～0x5000_6FFF	GPIO0	通用输入输出接口模块 0
0x5000_7000～0x5000_7FFF	I2C0	集成电路数字互连接口模块 0
0x5000_8000～0x5000_8FFF	I2S	集成电路音频互连接口模块
0x5000_9000～0x5000_9FFF	GPIO1	通用输入输出接口模块 1
0x5000_A000～0x5000_AFFF	REV	保留
0x5001_1000～0x5001_1FFF	TIM0	定时器 A
0x5001_2000～0x5001_2FFF	SPI1	同步串行接口模块 1
0x5001_3000～0x5001_3FFF	I2C1	集成电路数字互连接口模块 1
0x5001_4000～0x5001_4FFF	PWM	脉宽调制器
0x5001_5000～0x5001_5FFF	UART2	通用异步串行接口模块 2
0x5001_6000～0x5001_6FFF	REV	保留
0x5001_7000～0x5001_7FFF	CMP CTL	CMP 控制器
0x5001_8000～0x5001_8FFF	REV	保留
0x5001_9000～0x5001_9FFF	TIM1	定时器 B
0x5001_A000～0x5001_AFFF	RTC1	实时时钟模块 1

从表1-1中可以看出,Hobbit 微控制器的总线译码器为每个硬件模块预留了 0x1000 个字节(4 KB)的地址空间。每个硬件模块可以在被分配的地址空间中为其相应的状态寄存器、配置寄存器和缓冲区(FIFO)分配相应的地址。比如对于定时器 A(TIM0),该硬件模块的所有寄存器被分配在以 0x5001_1000 为基址(Base)的一段连续的 4 KB 空间中,其中偏移量(Offset)为 0 的地址被分配给 Timer1LoadCount 寄存器,偏移量为 4 和 8 的地址(也就是绝对地址 0x5001_1004 和 0x5001_1008)被分配给 Timer1CurrentValue 寄存器和 Timer1Control

寄存器。当 CPU 通过 LD 指令读取 0x5001_1004 这个地址时,就是把 Timer1CurrentValue 寄存器的内容读到 CPU 内。我们将在第 6 章中介绍基于玄铁 802 CPU 的 Hobbit 嵌入式微处理器(控制器)的地址映射表。

1.3.5 存储子系统

存储子系统可能是嵌入式系统中除了 CPU 外最重要的子系统了,应用的所有程序、用户的数据都存放在存储子系统中。广义上说,嵌入式系统的存储子系统包括从片上存储器到片外存储器构成的完整系统,其中片上存储器包括 CPU 内部的寄存器堆(Register File)、高速缓存(Cache 或紧耦合存储器 TCM,甚至是多级高速缓存)、片上便笺式存储器(Scratch Pad Memory,SPM)以及相关缓冲存储器(Buffer);片外存储器主要包括主存储器(通常是 DDR SDRAM 或 SDRAM)和非易失存储器(通常是 Flash 存储器[①]和 SD 卡)。这个由片上和片外存储器所构成的复杂层次化系统被称为存储架构(Memory Hierarchy)。存储子系统是现代嵌入式系统的性能、成本和功耗的瓶颈。

通常来讲,除了 CPU 内部的寄存器堆和 SRAM 存储器外,CPU 都不能直接访问存储子系统内的其他存储器内容,而必须通过相应的控制器将 CPU 的访存操作转化成这些存储器可以接受的控制时序和命令。比如,Cache 需要专门的硬件进行控制(这个专门的硬件被称为 Cache 控制器,往往被集成在 CPU 内部,并通过 CPU 的协处理器接口接受来自 CPU 的配置命令)。再比如,片外的 SDRAM 存储器和 Flash 存储器都需要专门的控制器来控制读写。总的来说,这些控制器被作为一个总线设备连接在系统总线上,CPU 通过读写命令访问控制器内的相应寄存器、配置控制器的基本信息,从而实现对这些存储器的访问。

1.3.6 外设接口

SoC 芯片除了集成了用于数据处理和计算的 CPU 以及用于存储程序和数据的存储系统外,还需要接收来自外部世界的信息(数据)并且将处理完成的数据传输到外部世界。这些负责接收外部数据和输出数据的设备通常被称为 I/O 设备。根据对传输带宽(速度)要求的不同,我们大体上可以将 I/O 设备分为高速接口和低速接口。

根据所面向应用的不同,现代 SoC 往往在芯片内集成了可以用于高速数据传输的通信接口控制器,比如 PCI 总线接口、以太网控制器、USB 总线接口等。USB 高速通信接口目前广泛应用于嵌入式系统,智能手机、平板电脑等终端设备可以通过 USB 线和 PC 之间进行数据传输。嵌入式系统 SoC 中通常集成有 USB 接口控制器。另外,用于显示的 LCD 控制器往往需要在主存储器或专门的显示存储器与 LCD 屏之间传输大量的显示数据,因此也通常

---

① 在某些微控制器中,比如本书将介绍的 Hobbit 微控制器,Flash 存储器是集成在片上的。

被划为高速设备。另外,为了将 CPU 从在片外数据和主存储器之间搬运数据中解放出来,现代 SoC 中往往还集成了专门用于高速数据传输的直接存储器存取(DMA)控制器。

在嵌入式系统中,还存在大量低速外设,如传感器、低速 Flash 存储器、字符型液晶显示模块等。这些外设只需要简单的、管脚数较少的低速接口,嵌入式系统 SoC 通常集成有相应的接口控制器。多数低速接口采用串行传输(比如异步串口 UART、同步串口 SPI、I2C 等),以减少使用的信号线数量(也就是芯片的管脚数量)。处理器通过串行传输控制器与外设进行串行传输。串行传输控制器将处理器传送过来的要发送的并行数据转换为串行数据流输出,并将外设传送过来的串行数据转换为并行数据供处理器使用。处理器把准备发送的数据写入串行传输控制器的发送数据寄存器中,相应的处理器可以从串行传输控制器的接收数据寄存器依次读出接收到的数据。发送数据寄存器与接收数据寄存器通常分别是一组 FIFO 寄存器,同时设计有基于 FIFO 使用状态的中断触发机制。控制器发送 FIFO 状态为空或接近空时,控制器可以通过中断提醒处理器装载下一组要发送的数据;控制器接收 FIFO 状态为满或接近满时,控制器可以通过中断提醒处理器读出缓存的数据。通过这种机制,可以有效减少处理器对于传输控制器的状态轮询操作,同时还可以有效提升传输效率。

不管是高速 I/O 还是低速 I/O,通常都是作为总线的一个设备被集成到系统中,并按照总线上的地址映射表被分配一段地址。所有由 CPU 发出的访存地址如果在这段地址空间内,其访问的内容其实是该设备控制器内的相应寄存器。通过访问不同的寄存器,CPU 就可以实现对于这些外围设备的配置与数据传输。

1.3.7　加速器模块

随着软硬件规模的急剧膨胀,与传统的桌面计算机系统相比,嵌入式处理器的设计面临更加严峻的挑战。当前,最重要的挑战之一就是功率饱和与更高性能需求之间的矛盾。所谓功率饱和,是指系统的平均功率已经达到了当前电池容量和散热技术所能允许的上限。对于手持设备而言,在不采用风冷和水冷的情况下,单核 CPU 所能接受的平均功率极限大概在 1.5 W(而桌面系统的极限大概在 100 W)。事实上,现在主流的移动智能终端处理器的单核平均功率都已达到甚至超过了这个极限,进一步提高功率已非常困难,学术界甚至为此专门提出了"功率墙"的说法。

另一方面,新型的人机交互技术、更高分辨率的 3D 游戏、虚拟现实/增强现实以及人工智能应用(AI)的出现,使得系统对于计算性能的要求持续提高。如何在提升系统性能的同时不显著提高系统的总功率成为摆在架构设计人员面前的一个巨大挑战。面对这个矛盾,一个被学术界和工业界普遍接受的方案是所谓的"异构化",即通过设计一组针对不同计算负载能效比最高或较高的计算引擎,结合相应的调度算法将应用中不同阶段的计算负载映射到不同的计算引擎上,以实现系统整体的能效最优。

这些计算引擎也被称为加速器(Accelerator),比如专门用于安全算法的加密算法加速器,用于深度学习的神经网络加速器,用于视频编解码的视频加速器等。广义上说,前文提到的图形处理器和基带处理器也属于加速器的范畴。加速器往往通过专门的硬件设计,使得其在计算特定算法的时候具有更高的性能,同时消耗更小的能量,也就是具有更好的能效比。

1.4 嵌入式系统的开发流程简介

嵌入式系统的开发最常用的方式是交叉编译,也就是嵌入式软件的源代码的编辑、编译、链接等过程都在主机(通常是 PC)上完成,程序员通过运行在主机上的调试器将编译、链接生成的镜像文件下载到所调试的嵌入式系统开发板中(通常称其为目标系统或目标板),并通过调试器监控程序在目标板上的运行过程。嵌入式系统的一般开发流程如图 1-3 所示。

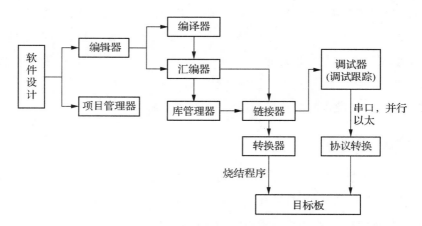

图 1-3 嵌入式系统的开发流程

图 1-3 中,编辑器负责源代码的录入以及源代码文件的管理;项目管理器的主要作用是维护一个软件项目的编译环境,采用项目管理器的最大好处是把程序员从繁琐的 Make 文件编写中解放出来;编译器、汇编器、库管理器、链接器属于传统意义上的工具链,它们负责将用户的源代码分别转换为机器码,并将多个机器码文件拼装成统一编址的输出文件;调试器的作用是负责将链接器输出的文件装载到目标系统中,并监控程序的运行,实现代码的调试。

由于通常情况下链接器输出的文件并不是纯粹的二进制机器码流,而是包含了大量用于调试和程序加载(Loading)信息的特定格式(比如标准的 ELF 格式),这种输出文件并不能直接在目标板上运行。在调试阶段可以通过调试器读取相关的加载信息,并通过协议转换器(传统上被称为仿真器,但其真实的功能是将 PC 的通信协议转换成为目标板可以接受的通信协议)将输出文件中所包含的二进制机器码流加载到目标板相应的内存地址。在实际的产品发布阶段,对于有操作系统(OS)支持的系统(通常具有相应的文件系统和应用程序加载器),链接器输出的文件可以作为文件存放在目标板的文件系统中(比如 Nand Flash 文件系统),当需要运行该程序的时候,操作系统的加载器将从文件系统中读取该输出文件,提取其中的二进制机器码流,并根据相应的加载信息将其加载到相应的内存地址,并最终由操作系统调用该地址运行该程序;对于没有操作系统或操作系统不支持应用程序加载的系统而言,通常需要通过专门的转换程序将链接器输出的文件转换为纯粹的二进制机器码流,并通过相应的烧录程序将二进制机器码流直接烧录到目标系统的 Flash 存储器中,由于此类系统往往是将 OS 与应用程序统一链接在一个镜像中,OS 可以像调用函数那样直接运行用户的应用程序。本节将分别介绍交叉编译、调试以及执行镜像的加载与启动三个主要过程。

1.4.1　交叉编译

所谓交叉编译(Cross Compiling)是指用来编译、链接源代码的与执行该代码的是不同的计算机(通常也是不同的处理器架构)。在嵌入式系统的开发过程中通常采用 PC 作为主机,执行交叉编译、链接等工作;目标机指运行嵌入式软件的硬件平台,也就是开发人员所需要调试的系统。对 C 语言源文件利用交叉 C 编译器生成相应的汇编文件(扩展名一般是.s),然后编译器调用汇编器将相关的汇编文件汇编为目标文件(一般扩展名为.o)。汇编文件(包括汇编语言源文件和 C 语言编译后生成的汇编文件)经过汇编器生成.o 文件,若干个.o 文件需要经过链接器生成与目标系统存储器地址相关的链接输出文件 file.out(不同的链接器输出的格式可能不一样),此文件包含很多调试信息,例如全局符号表、C 语句所对应的汇编语句等。调试信息的格式可以是厂商自己定义的,也可以是遵循相关标准的(如:IEEE 695)。软件开发人员还可以利用 Liber 工具将若干个目标文件合并成一个库文件。一般而言,一个库文件提供了一组功能相对独立的工具函数集,比如操作系统库、标准 C 函数库、手写识别库等。用户在使用链接工具的时候,可以将所需要的库文件一起链接到生成的 file.out 文件中(这个过程被称为静态链接;现代操作系统还支持在程序运行的过程中动态加载并链接需要的库文件,这被称为动态链接)。file.out 文件可以由调试工具加载到目标系统的 DRAM 中进行调试,也可以通过转换工具转换为二进制文件,再利用烧结工具烧录到目标系统的 Flash 存储器中。

需要说明的是,C 文件的编译是由编译器以文件为单位进行的。也就是说,每个 C 文件编译后都会生成与之对应的.o 文件,这些目标文件中的相应段(Segment,指编译器为不同的代码元素分配的内存空间。不同的编译器生成的段的类型也各不相同。比如英国 ARM 公司的编译器一般将目标文件分为三个段,即代码段 RO、有初值的全局变量 RW 以及没有初值的全局变量 ZI,这三个段都是分别独立编址的。链接器的作用就是将不同目标文件中的同类段进行合并并重新编址,从而构建一个完整的可执行镜像,如图 1-4 所示。

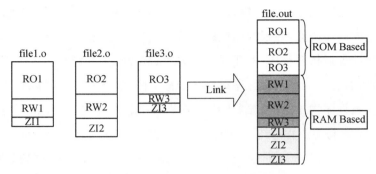

图 1-4　链接器将多个目标文件链接成为一个可执行文件

1.4.2　调试方法

自计算机诞生以来,对程序的调试就是工程设计中不可缺少的一个步骤,并且随着软件设计在工程设计中所占比例的日益提高,软件调试也就受到越来越多的关注。任何计算机系统的调试都是一项复杂的任务,一般的调试系统都应该具有以下几个基本功能:

① 控制程序的执行;

② 检查与改变处理器的状态;

③ 检查与改变整个系统的状态。

总体上说,调试的方法可以分为离线的仿真和在线的调试。仿真是借助计算机软件模拟真实处理器的运行过程,获取程序员所需要的信息。根据模拟器所模拟的层次不同,仿真又可以分为 RTL 仿真、时序精确型高层仿真和功能仿真。其中 RTL 仿真是按照硬件实现的 RTL 代码完整地模拟被仿真对象的所有硬件时序与信号。RTL 仿真虽然可以精确地反映硬件和软件的所有行为,但由于需要模拟硬件在每个硬件时钟下的行为,因此速度是非常缓慢的。这也是这种方法通常仅用于硬件设计的功能仿真,而很少直接用于软件调试的原因。为了加速 RTL 仿真的速度,也可以通过专门的 FPGA 加速器来提高仿真速度,但由于这种加速器的价格非常昂贵,因此也很少直接用于软件调试。

为了快速评估系统的硬件设计和软件设计,另一类常见的仿真方法是采用高级语言(通常是 C 或者 C++)编写能够模拟硬件行为的模拟器。这其中又可以进一步分为能够比较精确再现硬件操作的时序精确型模拟器和只能在功能上模拟硬件行为(此类模拟器并不模拟具体的硬件操作,只是在功能上或结果上再现被模拟硬件的结果)的功能型模拟器。时序精确型模拟器，比如现在在学术界和工业界都比较流行的 Gem5 模拟器，由于需要比较精确地模拟每个时钟节拍中的硬件行为，通常都比较慢，因此通常只用于 CPU 或 SoC 的微架构评估。软件开发通常采用的是功能型模拟器。按照所模拟的对象，这类模拟器又可以分为指令集模拟器和操作系统模拟器。前者本质上是一个虚拟机，它可以在 PC 平台上直接执行（通常是解释执行）被模拟 CPU 的二进制指令流，比如 ARM 公司早期推出的 Armulator 模拟器；操作系统模拟器，顾名思义是指其模拟的对象是嵌入式操作系统。这类模拟器运行在桌面系统上，但是可以为程序员提供嵌入式操作系统的编程接口，比如诺基亚公司为其 Sybian 操作系统所构建的模拟器。

基于模拟器的开发不需要借助真实的硬件，虽然具有方便和低成本的优势，但却无法观察到真实的硬件行为，这对于底层硬件驱动的开发和中断处理代码的调试而言是一个非常大的缺点。因此通常基于模拟器的开发方法要么是用于硬件的架构设计和 RTL 设计，要么只用于应用程序的开发。基于以上原因，在进行嵌入式底层软件和系统软件开发的时候通常要基于真实的目标处理器，而这就需要借助在线仿真的方法。

所谓在线仿真（In-Circuit Emulation，ICE）是指目标系统中的处理器被仿真器中的处理器取代，被调试的程序实际上由与目标系统处理器同指令集的仿真器中的处理器执行。在线仿真器本身就是一个嵌入式系统，有它自己的处理器、RAM、ROM 和嵌入式软件。仿真器中的处理器可以是一个与目标板处理器相同的芯片，也可以是一个有更多引脚的变型芯片（对内部状态有更高的可观察性，但应该与被仿真的目标处理器具有相同的指令集）。仿真器中还有缓冲器，以便将处理器地址总线和数据总线上的活动复制到跟踪缓冲器（保存若干周期之内所有引脚上每个时钟周期的信号）中。在线仿真器通过硬件的方法侦测处理器上的所有信号，包括断点的设置等也是通过逻辑控制硬件来完成的。传统的在线仿真器有一些明显的缺点：

① 现代嵌入式微处理器的 CPU 内核往往深嵌入芯片内部，CPU 的地址总线和数据总线可能根本都不引出到芯片外部，因此为了能够监测这些信号，仿真器内部的处理器必须将这些信号引出。这一方面使得仿真器内部的处理器和被调试的目标处理器实际上是不同的处理器；另一方面，单独为仿真器设计的处理器由于用量相对而言要少得多，使得其单颗成本非常高昂。

② 在线仿真器拥有自己的目标处理器、RAM、ROM 和嵌入式软件，对于面向 32 位高性能嵌入式微处理器的高速在线仿真器而言，这些都是非常昂贵的，增加了调试成本。

针对这些问题，现代的 32 位嵌入式微处理器通常将在线仿真器的硬件逻辑集成到 CPU 的芯片中，并通过一个标准的接口电路（通常是 JTAG 接口）与外界相连。来自上位机调试软件的控制命令可以通过 JTAG 接口输入给片内的仿真逻辑，而 CPU 内部寄存器的状态以及存储器的相关内容也可以通过该接口输出到上位机软件。这种仿真方式也被称为片上在线仿真。

除了片上在线仿真(On Chip In-Circuits Emulation)这个调试手段外,为了能够观察 SoC 芯片中多个计算单元动态的执行过程,现代处理器中还引入了硬件跟踪(Trace)技术。与在线仿真只能看到断点处的处理器状态不同,跟踪技术可以记录一段时间内处理器的所有执行行为和相应状态。因此,该技术可以极大地方便多核系统以及通信系统的调试。受限于篇幅,关于嵌入式系统的调试方法我们不再展开介绍,感兴趣的读者可以参阅《嵌入式系统——从 SoC 芯片到系统》(第二版)[1]的第三章。图 1-5 给出了常见调试方法的分类。

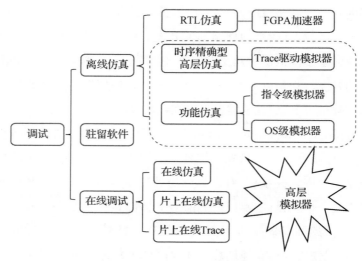

图 1-5　常见的调式方法的分类

1.4.3　执行镜像的加载与启动

在 PC 上通过交叉编译和链接输出的文件并不能直接在目标处理器上执行,还必须通过加载的环节才能够被正确执行。这是因为链接器输出的文件(不同的链接器输出的格式可能各不相同,有些采用厂商自定义的格式,有些采用工业界通用的格式,比如 ELF 格式等)并不是纯粹的二进制代码,除了包含用户编译后的所有二进制代码和全局变量初值外,还包含了加载和初始化信息,这些加载信息将被负责加载的软件模块(通常称为加载器,Loader)读取,并按照这些信息的指定将代码拷贝到相应的地址,还要对全局变量所占用的内存空间进行初始化,比如赋初值或者清零。另外,加载器可能还需要初始化好程序运行的堆栈空间。

---

① 　电子工业出版社,2017 年,ISBN 978-7-121-30718-8。

基于用户程序运行环境的不同,加载器的功能可以由不同的软件模块来实现。对于连接着上位机调试器(Debugger)的嵌入式系统而言,调试器充当着加载器的角色,当用户要将链接器输出的文件加载到目标系统的时候,调试器将根据链接器输出文件中的加载信息完成用户程序的加载;而对于拥有全功能操作系统(比如 Linux 或者 Android)的系统而言,链接器输出的文件存储在嵌入式系统的文件系统中,当需要运行该应用程序时,操作系统负责将该文件读入内存并根据其中的信息将代码加载到相应的地址区间,并且完成初始化。

操作系统本身的加载发生在系统启动的过程中。操作系统的核心代码被存放在非易失存储器的特定位置,系统复位后,首先将从一段预先写入 Flash 存储器中的代码开始运行。这段代码在完成系统的自检和初始化后(比如系统主时钟的初始化、系统 SDRAM 存储器的初始化等),将操作系统的核心代码加载到主存储器的特定地址,并在完成其他初始化后将控制权交给操作系统。这段预先写入 Flash 存储器的程序通常被称为 BootLoader,其主要作用就是加载操作系统。图 1-6 给出了操作系统和应用程序的加载过程。

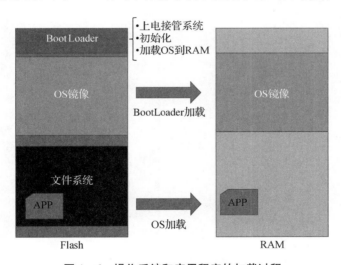

图 1-6　操作系统和应用程序的加载过程

对于没有操作系统或者操作系统不提供动态加载(很多轻量级的嵌入式操作系统都不提供该功能)的系统而言,一般是将所开发的应用程序与操作系统合并在一个项目中进行编译和链接。也就是说,在这种情况下操作系统和应用程序被链接器合并为一个统一的可执行镜像,所开发的应用程序是作为一个操作系统的内部函数进行调用的。对于需要将可加载镜像"加载"到非易失存储器的情况,通常必须借助专门的烧录软件。该烧录软件一般分为主机端软件和目标端软件。主机端软件首先通过目标端的 JTAG 接口将目标端软件下载到目标系统的 RAM 存储器,然后主机端软件将需要烧录的相应段(RO 段和 RW 段)数据传输到目标系统的 RAM 中,待数据传输完后,主机端会给预先传入的目标端软件下发烧录命令,该命令包含了需要写入的非易失存储器地址。由于目标端软件内置了非易失存储器的驱动,它能将缓存在 RAM 中的 RO 段数据和 RW 段数据烧录到指定的非易失存储器,如图1-7 所示。通常 Bootloader 和操作系统镜像都是由烧录软件在产品发布前由厂商烧录到目标系统的非易失存储器的。

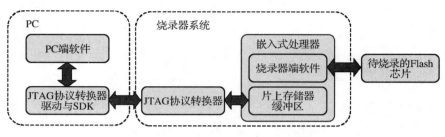

图 1-7　一个简易的 **Flash** 烧录器

第 2 章

玄铁处理器简介

2.1　阿里巴巴平头哥简介

阿里巴巴平头哥半导体有限公司(下文简称平头哥)的前身是杭州中天微系统有限公司(下文简称中天微),创立于 2001 年,"中天"二字取自"中华芯,天下行"的头两个字,是一家从事嵌入式处理器 IP 核设计和授权的集成电路设计企业。平头哥拥有自主的指令系统和处理器架构(玄铁指令系统与架构),是中国大陆地区极少数具备自主知识产权指令系统并成功实现产业化的处理器之一。

2003 年,平头哥发布了第一代微处理器 CK510,杭州晶图科技有限公司最先获得该微处理器授权。随着平头哥不断推出面向不同领域的处理器 IP 以及特色处理器技术,更多的公司获得了平头哥微处理器的授权许可,其中部分客户为中国排名前十的 IC 设计公司。截至 2019 年,获得平头哥微处理器授权许可的企业超过 100 家,基于平头哥微处理器的芯片累计出货量超过 15 亿片。目前,平头哥微处理器已广泛应用到无线接入、语音识别、智能视觉、智能家电、工业控制以及物联网安全等产品上。

除了微处理器 IP 的授权外,平头哥也开发有系统级 IP 和各种软件 IP,为了支持这些产品,平头哥开发了各种开发工具、硬件以及软件产品,目的是推动合作伙伴快速、便捷地基于平头哥微处理器开发自己的产品,丰富软硬件生态系统。

2018 年 4 月,中天微被阿里巴巴集团宣布全资收购。在 2018 年 9 月云栖大会上,阿里宣布成立独立芯片企业"平头哥半导体有限公司",由中天微与达摩院芯片团队整合而成,推进云端一体化的芯片布局。2019 年 7 月该公司发布玄铁处理器 910,旗下处理器也更名为玄铁系列处理器。

2.2　玄铁处理器架构简介

平头哥迄今为止发展了三个版本的处理器架构,其中玄铁 510 和玄铁 610 采用第一代处理器架构 CSKY_V1,而近些年来平头哥陆续推出的新款处理器,包括玄铁 802、玄铁 803、玄铁 807 等,均是基于第二代处理器架构 CSKY_V2 开发的。在 2018 年,平头哥推出第三代架构的处理器——RISC-V 架构处理器。

　　CSKY_V1 架构沿用了摩托罗拉公司 C310 的指令系统和编程模型,并在此基础上扩展了"增强数字信号处理(DSP)指令子集""协处理器扩展指令子集"以及"浮点运算指令子集"。CSKY_V1 的基础指令集、DSP 指令子集、协处理器扩展指令子集为 16 位指令宽度,可操作的通用寄存器个数为 16 个。由于 16 位指令的编码空间有限,CSKY_V1 架构扩展了协处理器扩展指令子集,并采用协处理器扩展技术扩展了浮点指令子集。基于 CSKY_V1 指令架构的处理器有玄铁 510 和玄铁 610。

　　随着处理器微架构设计的进步,平头哥于 2008 年自主研发了第二代指令系统和处理器架构 CSKY_V2。CSKY_V2 在设计上充分考虑了高性能、低成本等不同应用领域的需求,在技术路线上采用了 32/16 位混合的变长指令集技术。指令集中的 32 位指令可以操作 32 个通用寄存器,指令功能完备且强大,可获取更高的计算性能;16 位指令抽取了 32 位指令中使用频度最高的指令构成,可以操作的通用寄存器个数为 16 个或者 8 个,主要是用于提高指令的编码密度,在相同的高级语言程序下获取更小的指令空间。在 32 位指令与 16 位指令的协同工作上,CSKY_V2 采用了混合编码技术,通过指令二进制编码的前 2 位进行区分,避免了不同长度指令间协同工作的性能开销。基于 CSKY_V2 指令架构,平头哥又陆续扩展了面向不同领域的特色指令子集,包括"浮点运算指令子集""轻量级数字信号处理(DSP)指令子集""向量数字信号处理(VDSP)指令子集""安全扩展指令子集(TEE)"等。CSKY_V2 处理器指令集架构如图 2-1 所示,扩展指令子集的介绍如表 2-1 所示。

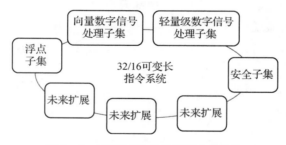

图 2-1　CSKY_V2 处理器指令集架构

表 2-1　CSKY_V2 处理器扩展指令子集

指令子集	功能介绍
浮点运算指令子集	用于浮点运算领域,包括了单精度浮点、双精度浮点以及单精度的单指令多数据(SIMD)运算
轻量级数字信号处理指令子集	用于对成本敏感同时具有数字信号处理增强需求的领域,32 位运算宽度,支持字操作,支持半字/字节的单指令多数据(SIMD)操作
向量数字信号处理指令子集	用于对数字信号处理增强需求较高的领域,128 位运算宽度,支持字/半字/字节的单指令多数据(SIMD)操作
安全扩展指令子集	用于支持可信执行技术的实施

根据应用需求的不同,即使采用相同指令集的处理器,也对应着非常不同的处理器微架构设计。比如微控制器更关注于处理器的成本、功耗以及任务处理的实时性,而应用处理器则更关注于处理器的性能和计算能效。面向不同的应用领域,CSKY_V2 又分为两个分支架构,一个是面向微控制器的架构,另一个是面向应用处理器的架构。这两个架构的主要特点和对应的处理器如下:

(1) 面向微控制器的架构

该架构关注处理器的成本和逻辑门数。门数是这个系列处理器的关键指标。面向微控制器的架构采用 16 个通用寄存器,实现了 CSKY_V2 中全部 16 位指令和部分 32 位指令。在中断处理上,面向微控制器的架构采用硬件投机压栈等技术(硬件投机压栈是一种软硬件协同的中断处理加速技术,在处理器探测到有效中断时,即开始推测执行压栈指令并将处理器现场进行堆栈保存)以提升中断实时响应能力,并提供支持中断嵌套的紧耦合向量中断控制器。此外,面向微控制器的架构不支持存储器管理单元(MMU),而是替代以存储器保护单元(MPU),可以运行 FreeRTOS 等实时操作系统。玄铁 803、玄铁 802、玄铁 801 三款处理器均基于该处理器架构开发。

(2) 面向应用处理器的架构

该架构关注处理器的性能,相比之下,逻辑门数等指标显得不是那么重要。面向应用处理器的架构采用 32 个通用寄存器,实现了 CSKY_V2 中全部 16 位指令和绝大多数 32 位指令,包括原子操作指令、Cache 操作指令、MMU 操作指令、多核通信指令等。这类处理器都会实现哈佛结构的 ICache/DCache 以及 MMU,支持虚拟内存管理,可以运行 Linux 等操作系统。玄铁 807、玄铁 810、玄铁 860 三款处理器均基于该处理器架构而开发。

图 2-2 给出了平头哥的第一代和第二代处理器架构以及各个处理器的主要特征和相互之间的比较。

2.3　玄铁微控制器系列 CPU 简介

玄铁微控制器系列 CPU 包含三款,分别是玄铁 801、玄铁 802、玄铁 803,这三款微处理器均是基于 CSKY_V2 的微控制器架构开发的。

玄铁 801 是一款成本优先的 CPU,采用极精简的指令架构和流水线架构,以达到逻辑门数的最优化。指令实现上,玄铁 801 仅实现了 16 位指令以及个别必需的 32 位指令;流水线结构上,玄铁 801 采用两级流水线;玄铁 801 可操作的通用寄存器个数为 8 个,并且不设计操作数旁路逻辑;玄铁 801 只设计了单总线接口,以达到 CPU 成本的最优化。玄铁 801 主要用于对性能要求不高但对于逻辑门数要求苛刻的领域,类似于 8051 的应用领域均可以迁移到玄铁 801 上。

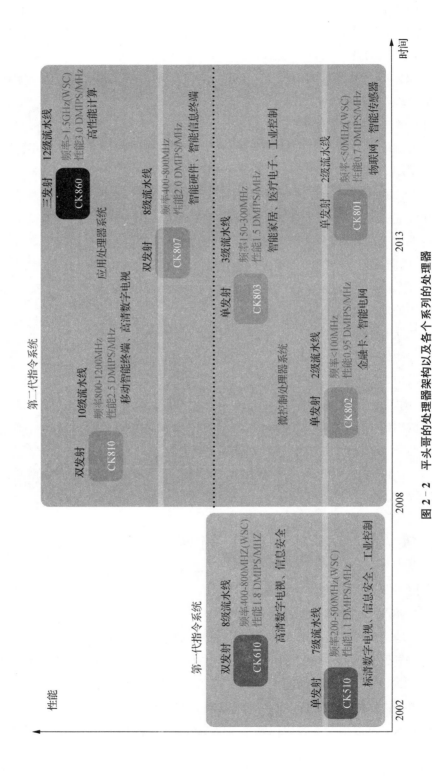

图 2-2 平头哥的处理器架构以及各个系列的处理器

玄铁 802 是一款成本和性能比较均衡的 CPU。指令实现上，玄铁 802 实现了 16 位指令以及部分的 32 位指令；流水线结构上，玄铁 802 采用两级流水线；玄铁 802 可操作的通用寄存器个数为 16 个，设计了操作数旁路逻辑，并配有 2 条总线接口。玄铁 802 在单位性能以及频率上均明显优于玄铁 801。此外，玄铁 802 对于中断的响应速度进行了优化，中断的响应延时仅需要 13 个 CPU 时钟周期。

玄铁 803 是一款性能出色的微控制器 CPU，同时对计算能力进行了增强。指令实现上，玄铁 803 实现了 16 位指令以及大部分的 32 位指令；流水线结构上，玄铁 803 采用三级流水线，因此可以达到更高的工作频率；玄铁 803 可操作的通用寄存器个数为 16 个；此外，玄铁 803 设计了静态分支预测以及操作数旁路逻辑，同时配有 3 条总线接口。得益于上述一些技术，玄铁 803 无论在单位性能上还是频率上都大幅优于玄铁 802。在基本核的基础上，玄铁 803 还面向音频、电机控制等 MCU 领域扩展了计算能力，支持低成本的轻量级 DSP 计算引擎以及浮点计算引擎，其中浮点计算引擎支持单精度浮点计算。

为了便于合作伙伴基于玄铁 CPU 开发 MCU 芯片，平头哥还开发了内置的向量中断控制器和定时器。内置的向量中断控制器支持电平中断和脉冲中断两种中断形式，支持更高优先级中断抢占以及中断嵌套，矢量中断控制器可以与 CPU 配合工作以达到最佳的中断实时处理性能。内置的定时器实现了一个 24 位的定时器，可实现系统的计时等功能。表 2-2 列出了玄铁微控制器系列 CPU 及其关键指标。

表 2-2　微控制器系列 CPU 的关键指标对比

指标	玄铁 801	玄铁 802	玄铁 803
指令集	16 位指令为主，个别 32 位指令	16 位指令为主，部分 32 位指令	16 位指令为主，大部分 32 位指令
数据宽度	32 位	32 位	32 位
流水线	2 级	2 级	3 级
通用寄存器	8 个	16 个	16 个
总线	系统总线	指令总线＋系统总线	指令总线＋数据总线＋系统总线
中断响应性能（处理器时钟周期）	14 个	13 个	13 个
向量中断控制器	有	有	有
定时器	有	有	有
可选的 DSP 计算引擎	无	无	有
可选的浮点计算引擎	无	无	有

2.4 玄铁应用系列 CPU 简介

玄铁应用系列 CPU 包含三款,分别是玄铁 807、玄铁 810、玄铁 860,均基于 CSKY_V2 的应用处理器架构开发。

玄铁 807 是一款高能效处理器,采用双发射架构配以轻量级乱序执行能力,以达到性能与成本、功耗的平衡。体系结构上,玄铁 807 实现了 32 个通用寄存器;指令实现上,玄铁 807 实现了 CSKY_V2 指令集中的绝大多数指令(除多核通信指令);流水线结构上,玄铁 807 采用了分布式保留站技术(即不同的执行单元对应各自的保留站),允许指令乱序执行。玄铁 807 实现了存储器管理单元,可以运行 Linux 等操作系统,并在 Linux 之上运行丰富的软件程序。玄铁 807 可以支持浮点运算以及向量数字信号处理增强技术。

相比玄铁 807,玄铁 810 是一款高性能的计算处理器,采用双发射架构配以较强的乱序执行能力,其能力较玄铁 807 提升了 30%。体系结构上,玄铁 810 实现了 32 个通用寄存器;指令实现上,玄铁 810 实现了 CSKY_V2 指令集中的绝大多数指令;流水线结构上,玄铁 810 采用了分布式保留站以及乱序内存访问子系统。玄铁 810 同样实现了存储器管理单元,可以运行 Linux 等操作系统。与玄铁 807 一样,玄铁 810 也支持浮点运算以及向量数字信号处理增强技术。

玄铁 860 是玄铁处理器系列中性能最为强劲的一款,支持同构多核(CMP)扩展,最多可支持 4 个玄铁 860 核心并行工作。玄铁 860 采用三发射架构配以指令乱序执行能力,单核性能较玄铁 810 提升 50% 以上。体系结构上,玄铁 860 实现了 32 个通用寄存器;指令实现上,玄铁 860 实现了 CSKY_V2 指令集中的绝大多数指令;流水线结构上,玄铁 860 采用了分布式指令队列以及乱序双发射的内存访问子系统。玄铁 860 支持多级 Cache 技术,同样可运行 Linux 操作系统等。表 2-3 列出了玄铁应用系列 CPU 及其关键指标。

表 2-3　应用系列 CPU 的关键指标对比

指标	玄铁 807	玄铁 810	玄铁 860
指令集	16 位/32 位指令	16 位/32 位指令	16 位/32 位指令
数据宽度	32 位	32 位	32 位
流水线	8 级	10 级	12 级
通用寄存器	32 个	32 个	32 个
内存访问机制	超标量双发射	超标量双发射	超标量三发射
乱序方式	单发射乱序	单发射乱序	双发射乱序
总线	单总线	单总线	单总线
多核	不支持	不支持	支持,1—4 核可扩展
向量 DSP 引擎	有	有	有
浮点计算引擎	有	有	有

第 3 章

玄铁 803 CPU 的体系结构与编程模型

本章以玄铁 803 为例,详细介绍 CPU 内核的体系结构与编程模型。了解内核体系结构,不仅仅是认识其内部子模块及各子模块之间的相互联系,更要明白内核为什么要这样设计,进而扩展到其他内核,并能理解各种内核设计的优缺点。

3.1 玄铁 803 CPU 的结构框图

如图 3-1 所示,玄铁 803 不仅包含处理器内核,还包含多个用于系统管理的部件以及调制支撑部件。玄铁 803 往往作为一个处理器子系统提供给用户。其中:

取指单元(Instruction Fetch Unit)负责指令的访问与提取,每个时钟周期可取得 32 位数据,即每个周期可以提取 1 条 32 位指令或者 2 条 16 位指令。此外,取指单元对分支指令进行预测并对复杂指令进行分拆。

指令译码单元(Instruction Decode Unit)对指令进行译码,并访问通用寄存器以及完成指令的发射。

分支处理单元(Branch Jump Unit)对分支指令进行检查并对寄存器跳转指令进行处理。整型单元(Integer Unit)负责 ALU 指令的执行。控制寄存器单元(Coprocessor)主要对控制寄存器相关的指令(MTCR/MFCR)进行处理。分支指令、ALU 指令与控制寄存器指令的执行延时均为 1 个周期。

乘除法单元(Multiply & Divide Unit)负责乘、乘累加以及除法指令的运算。乘法实现上,用户可配置慢速乘法与快速乘法两种方式。其中,慢速乘法的成本开销小,但是需要 1~34 个周期产生乘法结果;快速乘法支持 1 个周期产生乘法结果,但是成本开销大。除法需要 3~35 个周期产生运算结果。

内存访问单元(Load/Store Unit)负责加载(Load)/存储(Store)指令的顺序执行,支持有符号/无符号的字节/半字/字访问。加载/存储指令可连续执行,实现性能的最优化。

指令退休单元(Instruction Retire Unit)收集指令的执行结果并进行处理,完成结果的回写以及中断与异常的处理。此外,指令退休单元也负责与硬件调试单元(Hardware Assist Debug)的交互。

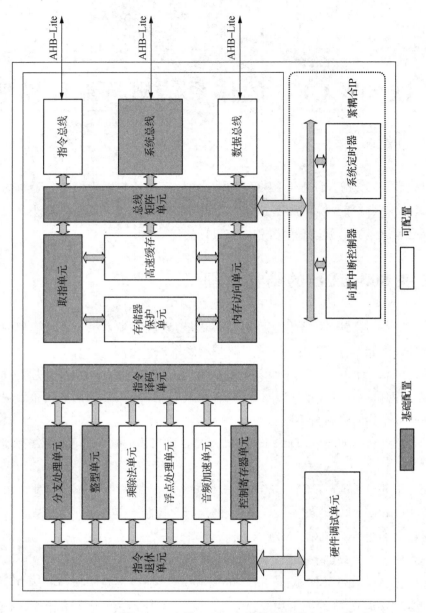

图 3 - 1　玄铁 803 CPU 的结构框图

　　玄铁 803 实现了可配置的高速缓存(Cache)，支持 2 KB～32 KB 可配置。高速缓存采用四路组关联的结构，支持写回、写通过两种写工作模式。

　　玄铁 803 设计了多层次的总线接口，支持指令总线(Intruction Bus)、数据总线(Data Bus)和系统总线(System Bus)3 种总线接口。指令/数据总线实现高性能的指令/数据访问，用户可通过指令/数据总线设计本地存储器子系统以提高系统综合性能。指令/数据总线支持 AHB-Lite 接口，设计有寄存输出(Flop-out，时序表现好)和直接输出(Non-Flop-out，对接口

26

时序有一定要求)两种方式。系统总线也支持寄存输出和直接输出两种配置,同时支持 AMBA2 AHB 协议和 AHB-Lite 协议可配置,在寄存输出配置下,同步模式下可在不同的系统时钟与 CPU 时钟比例(1∶1,1∶2,1∶3,1∶4,1∶5,1∶6,1∶7,1∶8)下工作。图 3-2 给出了玄铁 803 CPU 与 SoC 中其他模块的互连方法,其中 TCIP 表示紧耦合 IP,MPU 表示存储器保护单元(Memory Protection Unit,MPU)。

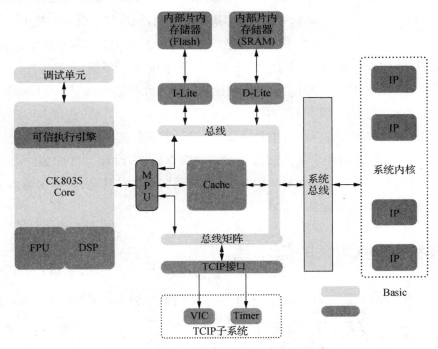

图 3-2　玄铁 803 CPU 与 SoC 其他模块的互连

为了提高玄铁 803 的系统集成度,方便用户集成与使用,玄铁 803 实现了一系列与处理器关系密切的系统关键 IP,这些 IP 统称为紧耦合 IP(Titly Coupled IP,TCIP)。玄铁 803 的紧耦合 IP 包括系统定时器(CoreTimer)、向量中断控制器(Vector Interrupt Coutroller,VIC)。其中,系统定时器完成系统的计时功能,可以在低功耗时唤醒 CPU;向量中断控制器完成中断的收集、仲裁、硬件嵌套以及与处理器的交互。与传统 IP 不同,紧耦合 IP 通过专用的紧耦合 IP 总线接口与处理器相连,无须通过系统总线访问。其中,紧耦合 IP 总线接口直接与玄铁 803 的总线矩阵单元(Bus Matrix Unit,BMU)相连,支持单个 CPU 时钟周期的紧耦合 IP 访问传输,不仅提高了紧耦合 IP 的访问效率,而且提高了系统集成效率。紧耦合 IP 与其他系统 IP 共享统一的内存地址空间,通过加载(Load)指令和存储(Store)指令进行寄存器访问和功能控制。此外,片内高速缓存控制寄存器单元(Control Register Unit,CRU)是通过 TCIP 访问的,实现 Cache 地址映射。CRU 用于设置玄铁 803 的片上高速缓存,比如开关 Cache、配置可缓存区域等。紧耦合 IP 的内存地址分配如表 3-1 所示。

表 3 - 1　紧耦合 IP 的内存地址分配

IP 名	内存地址空间
系统定时器	0xE000E010～0xE000E0FF
向量中断控制器	0xE000E0100～0xE000E0FF
片内高速缓存控制寄存器单元	0xE000F000～0xE000FFFF

这些紧耦合 IP 配合玄铁 803,外加存储器等少量资源,便可以组成一款最小功能的 SoC 系统,提高了用户使用玄铁 803 的便捷性,减少了玄铁 803 的开发与应用成本。紧耦合 IP 的详细内容可从 www. t-head. cn 下载《玄铁 803 紧耦合 IP 用户手册》了解。

玄铁 803 面向浮点应用,设计了可配置的浮点处理单元(Floating Point Unit)。浮点处理单元仅实现单精度浮点运算,具体内容可从 www. t-head. cn 下载《玄铁 803 浮点用户手册》了解。此外,玄铁 803 面向音频、电机等应用,设计了可配置的 DSP 加速单元。DSP 加速单元实现了 DSP 加速指令子集。玄铁 803 面向安全防护,设计了可配置的可信防护技术,配合平头哥的 SoC 平台和系统软件,提供对系统的安全防护功能,具体内容可从 www. t-head. cn 下载《玄铁 803 安全防护技术手册》了解。

3.2　玄铁 803 CPU 的流水线

玄铁 803 具有三级流水线,如图 3 - 3 所示,三个阶段分别为取指令、译码和执行。

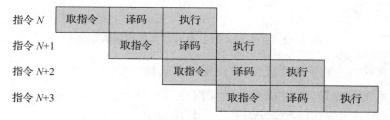

图 3 - 3　玄铁 803 CPU 的三级流水线

当运行的程序多是 16 位指令时,CPU 可能不会在每个周期都取指令,这是因为 CPU 每次最多取出 2 条 16 位指令。在这种情况下,CPU 总线接口可能会在下一个周期才取指令。在 CPU 内核的指令预取单元中存在一个指令预取缓冲,可以让指令在使用前排队等候。如果一条 32 位指令未按照字地址对齐的话,该缓冲可以避免流水线暂停,提高了 CPU 的处理能力。在某些情况下,如果指令缓冲满了,总线接口可能也会处于空闲状态。表 3 - 2 给出了每级流水线的功能。

表 3 - 2　玄铁 803 CPU 每级流水线的功能

流水线名称	缩写	流水线功能
取指	IF	① 发起取指令请求,处理返回的指令数据; ② 指令预译码; ③ 静态分支预测; ④ 复杂指令拆分
译码	ID	① 指令译码; ② 指令相关性分析; ③ 指令发射; ④ 执行分支跳转指令; ⑤ 计算加载存储的地址并发起访问请求
执行	EX	① 执行并完成整型类指令; ② 执行浮点类指令; ③ 执行 DSP 加速类指令; ④ 完成加载存储指令; ⑤ 指令执行结果回写; ⑥ 指令退休; ⑦ 异常和中断处理

3.3　玄铁 803 CPU 的总线接口

玄铁 803 CPU 支持三个总线接口,分别是指令总线、数据总线和系统总线。

指令总线是基于 AHB-Lite 协议的 32 位总线。CPU 从指令总线取指令。不管指令是 32 位的还是 16 位的,取指令操作都以字为单位。

数据总线同样是基于 AHB-Lite 协议的 32 位总线。CPU 从数据总线访问数据。尽管玄铁 803 支持非对齐传输,也不会在该总线上出现非 32 位地址对齐的传输,因为 CPU 内核的总线接口已经将非对齐传输转换为对齐传输了。

系统总线为基于 AHB-Lite 或者 AHB 2.0 协议的 32 位总线。CPU 从系统总线访问外部设备以及数据。如果一个地址不是落在指令总线、数据总线和紧耦合 IP 所对应的地址空间,该访存请求就会被分配到系统总线进行访问。

为了给 SoC 客户提供充分的灵活性,玄铁 803 的三个总线对应的地址映射是在 CPU IP 集成时决定的。SoC 设计者通过 CPU 的引脚决定指令总线、数据总线和系统总线可以访问的存储器区域。在 CPU 的引脚上,配有指令总线和数据总线的基地址和大小,而紧耦合 IP 的地址空间是固定的。SoC 设计者在集成玄铁 803 CPU 时,对其指定引脚通过硬连线的方式绑定固定的值,从而确定了指令总线、数据总线和系统总线的空间。理论上,除了内置中断控制器、内置定时器所占用的存储器空间之外,指令总线、数据总线和系统总线可以被

SoC 设计者指定到任意空间上去。

微控制器领域一般使用 Flash 存储器存放代码,使用 SRAM 存储器存放程序运行的临时数据、变量等。为了充分发挥玄铁 803 多总线的优势,在进行 SoC 设计时,一般 Flash、ROM 存储器会被连接在指令总线上,而内部 RAM、ROM 会被接在数据总线上,其他的系统外设、外部 RAM 等会被接在系统总线上。程序在玄铁 803 上运行时,指令总线的指令访问和数据总线的数据访问并行进行,此时的效率可以达到最佳。

3.4　玄铁 803 CPU 的工作模式与状态

玄铁 803 定义了两种处理器工作模式:普通用户模式和超级用户模式。两种工作模式对应不同的操作权限,主要体现在以下几个方面:

① 对控制寄存器的访问;

② 特权指令的使用;

③ 对内存空间的访问。

普通用户程序只允许访问那些指定给普通用户模式的寄存;工作在超级用户模式下的系统软件则可以访问所有的寄存器,并使用控制寄存器进行超级用户操作。通过对寄存器访问权限的管理,可以避免用户程序接触特权信息。操作系统则通过协调与普通用户程序的行为来为普通用户程序提供管理和服务。大多数指令在两种模式下都能执行,但是一些对系统产生重大影响的特权指令只能工作在超级用户模式下。特权指令包括 STOP、DOZE、WAIT、MFCR、MTCR、PSRSET、PSRCLR、RTE。需要注意的是,在用户态下不允许执行特权指令,否则将触发特权违反异常。

玄铁 803 设计了存储器保护单元。操作系统可通过对存储器保护单元的设置来对内存的访问进行管理与控制。这样普通用户程序只能根据其权限来访问内存空间,这些程序只被允许访问那些对其开放的内存空间,对于未被授权空间的访问则将触发错误异常。

CPU 的工作模式由 CPU 状态寄存器(PSR)的 S 位控制。如图 3-4 所示,当收到复位信号后,CPU 进入复位异常,此时 CPU 工作在超级用户模式下,拥有最高的访问权限,可以访问 CPU 中的全部寄存器,也可以使用 CPU 的全部指令,并且访问全部的存储器资源和系统资源。处于复位异常或者超级用户模式的程序,可以通过修改控制寄存器或者使用特权指令将程序切换至普通用户模式。然而在普通用户模式下只有当异常或者中断发生时,CPU 才会切换到特权模式。用户程序无法通过写控制寄存器返回到超级用户模式。

普通用户模式与超级用户模式的分离提高了系统的可靠性,能够防止不受信任的程序访问或者修改系统配置寄存器,配合存储器保护单元,可以同特权等级一起保护关键的存储器资源,如操作系统的程序和数据。

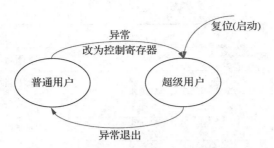

图 3 - 4　普通用户模式与超级用户模式的转换

　　例如,超级用户模式一般由操作系统内核使用,对所有的存储器地址都可以访问(除非被 MPU 禁止)。当操作系统启动用户程序时,用户程序会在普通用户模式下运行,以免用户程序破坏或修改系统的核心数据或者其他用户的数据。

3.5　玄铁 803 CPU 的寄存器

3.5.1　通用寄存器

　　如表 3 - 3 所示,玄铁 803 处理器的通用寄存器为 R0~R15,其中 R14(堆栈指针寄存器)为分组寄存器,普通用户模式和超级用户模式各有一个 R14(虽然在程序中它们的名字都是 R14,但是它们却是不同的物理寄存器,在普通用户模式下访问的 R14 专属于该模式,而在超级用户模式下访问的 R14 是另外一个专属于超级用户模式的物理寄存器)。另外,玄铁 803 处理器还配有 R28 寄存器,其目的是便于数据指针的快速生成。

表 3 - 3　玄铁 803 CPU 的通用寄存器组

名称	描述
R28	数据基址寄存器
R15(LR)	链接寄存器
R14(User SP)/R14(Super SP)	堆栈指针寄存器
R13	通用目的寄存器
R12	通用目的寄存器
R11	通用目的寄存器
R10	通用目的寄存器
R9	通用目的寄存器
R8	通用目的寄存器
R7	通用目的寄存器

名称	描述
R6	通用目的寄存器
R5	通用目的寄存器
R4	通用目的寄存器
R3	通用目的寄存器
R2	通用目的寄存器
R1	通用目的寄存器
R0	通用目的寄存器

1) R0～R13：通用目的寄存器

R0～R13 为 32 位通用寄存器，用于存放程序中所使用的数据。受限于指令的编码空间，有些 16 位指令只能访问低位寄存器 R0～R7（因为 R0～R7 只需要 3 bit 编码，而 R0～R13 却需要 4 bit 编码）。

2) R14：堆栈指针寄存器

玄铁 803 包含两个堆栈指针(SP)，分别对应着普通用户模式和超级用户模式下的堆栈指针。利用这种结构，可以为两种工作模式分别设置独立的堆栈指针。在使用寄存器名 R14 时，玄铁 803 会根据当前所处的工作模式选择堆栈指针。普通用户模式访问 R14，则访问普通用户模式下的堆栈指针。在超级用户模式下访问 R14，则访问超级用户模式下的堆栈指针。在超级用户模式下，若需要操作普通用户堆栈指针，可通过 MFCR/MTCR 指令访问控制寄存器 CR<14,1>来完成（我们将在介绍控制寄存器的时候详细说明）。这两个堆栈指针的定义如下：

① 超级用户堆栈指针：超级用户模式下的堆栈指针，是上电后的默认堆栈指针，被操作系统以及异常处理等使用。

② 普通用户堆栈指针：普通用户模式下的堆栈指针，用于带有嵌入式 OS 的系统中的线程处理。

两种模式下配置堆栈指针的方式如下：

```
//超级用户模式下
ADD  SP,SP,4        //对超级用户堆栈指针加 4
LD   R7,(SP,0)      //从超级用户堆栈上加载数据到 R7
LRW R6,0x0001efd0   //加载一个立即数到 R6
MTCR R6,< 14,1>     //用 R6 寄存器初始化普通用户堆栈指针

//普通用户模式下
ADD  SP,SP,4        //对普通用户堆栈指针加 4
LD   R7,(SP,0)      //从普通用户堆栈上加载数据到 R7
```

压栈和退栈

堆栈作为存储器的一种用法,它仅是系统存储器的一部分,并且用一个指针寄存器(处理器内)使其用作一个先入后出的缓冲。堆栈的作用一般有四个:第一,用来传递函数调用时的参数,不同的高级语言、不同的编译器对于函数间参数传递的方法可能各有不同,但是常用的做法是 Caller(调用函数)将需要传递的参数压栈,Callee(被调函数)从堆栈中将参数值取出;第二,用于保存那些已经被 Caller 使用但又需要被 Callee 使用的寄存器的值,Callee 返回 Caller 之前将通过退栈操作恢复这些值;第三,用于保存函数返回的地址,也就是 Caller 调用 Callee 后的下一条指令的地址,函数返回时只要将这个地址退栈到 PC 即可;第四,用于存放 Callee 中使用到的局部变量,编译器一般优先将局部变量分配在 CPU 的寄存器中,但是对于局部数组这样的数据结构,常用的办法是使用堆栈来表示。

与 ARM 处理器不同,玄铁 803 拥有专门的压栈(PUSH)和退栈(POP)指令。这些指令将自动完成堆栈操作中的堆栈指针维护,比如下面的代码:

```
PUSH {R0}        //R14= R14- 4,Mem[R14]= R0
POP {R0}         //R0= Mem[R14],R14= R14+ 4
```

玄铁 803 采用满递减的堆栈组织形式。因此,当需要往堆栈压入新的数据时,首先需要将 SP 减 4(堆栈按照 32 位为单位)以生成新的地址,并往该地址写入数据;而在退栈操作时,直接将 SP 指向的 32 位数据读入目标寄存器,再将堆栈指针地址更新。PUSH 和 POP 通常用于在被调函数开始前将寄存器现场保存至堆栈空间,之后在该函数结束后将寄存器内容从堆栈中恢复。PUSH 和 POP 可以在一条指令中操作多个寄存器,比如:

```
Subroutine_1:
PUSH    {R0- R7,R12,R15}                //保存寄存器
....                                    //子函数处理
POP     {R0- R7,R12,R15}                //恢复寄存器,并返回调用函数
```

在程序代码中,可以使用 SP 代替 R14。需要说明的是,采用 PUSH 和 POP 指令对多个寄存器进行操作时,大括号内的寄存器顺序与堆栈操作顺序无关,玄铁 803 CPU 将按照低地址压低寄存器,高地址压高寄存器的顺序进行。也就是说在上面的例子中,PUSH　{R0 - R7,R12,R15}的执行效果与 PUSH　{ R15,R12,R0 - R7}是一样的。R0 总是被最后压栈的元素(压栈时 SP 的地址是递减的,所以最后压栈的元素将拥有最低的地址,在这个例子中 R0 是最低寄存器,因此 R0 被最后压栈。)

3) R15:链接寄存器

R15 作为链接寄存器,在汇编程序中可以写作 R15 或者 LR。当调用子函数时,子函数的返回地址将被硬件自动存放在链接寄存器 LR 中,比如下面的代码:

```
Main          //主程序
....
BSR       My_Function          //调用 function,PC= function,LR= BSR 下一条指令
....
My_Function:
....                //function 的程序代码
RTS//函数返回,PC= LR
```

需要说明的是,虽然采用 BSR 指令调用函数时的返回地址是被硬件自动保存到 LR 寄存器中的,但是为了实现函数的嵌套调用,比如 A 调用 B,B 调用 C(A→B→C),LR 中保存的永远是最近这次函数调用的返回地址。因此,在这个例子中,LR 中保存的地址是 C 返回 B 的地址。为了能够正确维护嵌套函数的调用顺序,程序员(或者编译器)需要将每次调用发生后的 LR 压入堆栈。

4) R28:数据基址寄存器

在常见的数据访问中,常要用到两条汇编指令,如下所示:

```
LRW R3, Label          //将数据指针 Label 的 32 位地址立即数加载到 R3
LD.W R1, (R3)          //从指针 R3 上访问数据
```

在玄铁 803 的体系结构中,为了加快数据访问的过程,R28 可以预先存放数据基址,数据指针可以通过对 R28 的偏移得到。借助于编译器预先将数据基址存放于 R28(R28 通常情况下是由编译器来维护的,但是也可以使用 MOV 或者 LD 等指令对其进行更新)。

上述的数据访问也可以优化为一条汇编指令,如下所示:

```
LRS.W R3,0xFFFC          //从 Mem[R28+ 0xFFFC]的地址上访问字
```

上述 LRS/SRS 指令的行为与 LD/ST 指令类似,只是内存访问的基址默认设定为了 R28。R28 寄存器作为通用寄存器,通常会在编译进行时预置一个预期的值,可以通过 MOV、LD 等指令对 R28 进行赋值或者初始化操作。

3.5.2　控制寄存器

玄铁 803 CPU 中还有多个控制寄存器(Control Register,CR),用于存放处理器相关的状态和配置信息。玄铁 803 CPU 对于控制寄存器采用分组管理的机制,不同级别的处理器控制状态和配置信息被分配到不同的组中,可通过专用指令来访问对应组中的目标控制寄存器。在控制寄存器组 0 中存储着处理器最基本的控制寄存器,如处理器状态寄存器(PSR)、异常基址寄存器(VBR)、异常保留处理器状态寄存器(EPSR)、异常保留程序计数器(EPC)等。表 3-4 中给出了这些寄存器的属性。

表 3-4　玄铁 803 CPU 中的控制寄存器(超级用户编程模型下可见)

名称	类型	控制寄存器 <组内编号,组号>	描述
PSR	读/写	CR<0,0>	处理器状态寄存器
VBR	读/写	CR<1,0>	(异常入口对应的)异常基址寄存器
EPSR	读/写	CR<2,0>	异常保留处理器状态寄存器
EPC	读/写	CR<4,0>	异常保留程序计数器
CPUID	读	CR<13,0>	产品序号寄存器
CHR	读/写	CR<31,0>	隐式操作寄存器。CK-CPU 中把一些单元的开关功能放在了 CR31 上
R14(User SP)	读/写	CR<14,1>	用户模式下的堆栈指针寄存器。可以通过控制寄存器组 1 中的 14 号寄存器进行访问

这些控制寄存器只能在超级用户模式下通过 MTCR(Move to Control Register)和 MFCR(Move From Control Register)指令访问与改写,如下所示:

```
MFCR Rz, CR< y,0>      //读取控制寄存器组 0 中的 y 寄存器到通用寄存器 Rz
MTCR Rx, CR< y,0>      //将通用寄存器 Rx 的内容写入控制寄存器组 0 中的 y 寄存器
```

1) 处理器状态寄存器(PSR,CR<0,0>)

处理器状态寄存器存储了当前处理器的状态和控制信息,如图 3-5 所示,包括条件位(C 位)、中断有效位和其他控制位。在超级用户模式下,软件可以访问处理器状态寄存器。控制位为处理器指出了以下状态:超级用户模式或者普通用户模式(S 位)。它们同样也指定了中断申请是否有效。

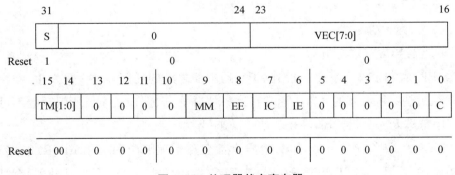

图 3-5　处理器状态寄存器

(1) S 位:超级用户模式设置位。

① 当 S 为 0 时,处理器工作在普通用户模式;

② 当 S 为 1 时,处理器工作在超级用户模式;

③ S 位在处理器重启和进入异常处理时由硬件置为 1。

（2）VEC[7:0]：异常向量值。

当异常出现时，VEC[7:0]用来计算异常服务程序入口地址，且在被 reset 时清零。

（3）TM[1:0]：跟踪模式位，用于选择跟踪的模式，如表 3-5 所示。

表 3-5　TM[1:0]编码与相对应的工作模式

值	描述
00	正常执行模式
01	指令跟踪模式
10	未定义
11	跳转跟踪模式

① 在指令跟踪模式下，每一条指令执行完后，玄铁 803 CPU 都将进入跟踪异常服务程序；

② 在跳转跟踪模式下，当碰到含有跳转（不管是跳转还是不跳转）的指令执行完，玄铁 803 CPU 都将进入跟踪异常服务程序。

这些位在被 reset 和进入异常服务程序时由硬件清零。

（4）MM 位：不对齐异常掩盖位。

① 当 MM 为 0 时，加载或存储的地址不是 32 位对齐（也就是地址的最低两位不为 0）时，将发生异常；

② 当 MM 为 1 时，加载或存储的地址不对齐异常将会被掩盖，处理器将会以非对齐访问的形式处理非对齐地址。这个模式主要是为了对老处理器兼容，通常不建议用户将该位进行置位。

该位会被 reset 清零。

（5）EE 位：异常有效控制位。

① 当 EE 为 0 时，异常无效，此时除了普通中断之外的任何异常一旦发生，都会被玄铁 803 CPU 认为是不可恢复的异常。通常在这种情况下，软件开发人员所编写的不可恢复异常处理程序将进入一个死循环，停止其他的操作；

② 当 EE 为 1 时，异常有效，所有的异常都会正常地响应和使用 EPSR（响应异常时，PSR 会被硬件自动保存到 EPSR 寄存器）与 EPC（响应异常时，PC（程序计数器）会被硬件自动保存到 EPC 寄存器）。

（6）IC 位：指令内中断控制位。

① 当 IC 为 0 时，中断只能在指令之间被响应；

② 当 IC 为 1 时，表明中断可在长时间、多周期的指令执行时被响应，这种操作方式主要是用来加快中断响应的实时性。多周期指令包括 LDM、STM、PUSH、POP、IPUSH、IPOP、

LDQ32、STQ32,可以被中断而不用等它们完成。多周期指令 NIE（Nested Interrupt Enable）,也就是嵌套中断使能指令。与 ARM 的 CPU 不同,玄铁 803 CUP 的硬件将把异常发生时的 PC 和 PSR 自动保存在 EPC/EPSR,然后为了能够嵌套中断,要把 EPC/EPSR 继续保存到外部存储器,才能嵌套下一次中断）不可在执行完毕前响应中断,NIE 只在该指令的执行末尾响应中断,而且它对于中断响应的这个特点不受 PSR（IC）置位的影响。

该位会被 reset 清零,不受其他异常影响。

（7）IE 位:中断有效控制位。

① 当 IE 为 0 时,中断无效;

② 当 IE 为 1 时,中断有效。

该位会被 reset 清零。当 CPU 响应中断或异常时,该位也被硬件自动清零（默认情况下,中断是不可以嵌套的,如果需要嵌套,必须显式地使能）。

（8）C 位:条件码/进位位。

该位用作条件判断位为一些指令服务。它在被 reset 和拷贝到 EPSR 之后不确定。

PSR 的值可以通过 MFCR 和 MTCR 指令进行读取和更改,也可以通过 PSRCLR 和 PSRSET 指令仅对 PSR 中的某个位或者某几个位进行更改或者置位,如下所示:

```
MFCR R1, CR< 0,0>        //读取 PSR 寄存器到 R1
MTCR R1, CR< 0,0>        //将 R1 写入 PSR 寄存器
PSRSET IE EE       //设置 PSR 中的 EE 位、IE 位为 1
PSRCLR IE EE       //清除 PSR 中的 EE 位、IE 位为 0
```

2）异常基址寄存器（VBR,CR<1,0>）

在玄铁 803 的异常处理机制中,设计有异常入口地址表（在有些系统中被称为中断向量表）。异常入口地址表在内存中的基址由 VBR 指定,该地址表包含 N 个表项,每个表项存放了对应的异常服务程序的入口地址。编程人员可以设置 VBR 来更改异常入口地址表在存储器中的位置,也可以通过修改异常入口地址表的表项内容来更改异常服务程序的起始地址。详细内容见第 5 章中关于异常的描述。更改 VBR 的操作如下所示:

```
MFCR R1,CR< 1,0>        //读取 VBR 寄存器
LRW R3,Vec_begin       //加载异常入口地址表的起始地址 Vec_begin
MTCR R3,CR< 1,0>       //将异常入口地址表的基址修改到 Vec_begin
....
Vec_begin:             //异常入口地址表及其内容
.long 0xFFFF 0000
```

需要说明的是,异常入口地址表的基址必须存放在 1 KB 对齐的地址,写入异常基址寄存器的地址的低 10 位将被忽略,如图 3－6 所示。

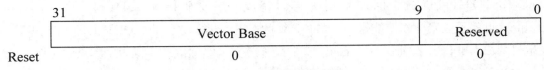

31		9	0
	Vector Base		Reserved

Reset   0   0

图 3-6　向量基址寄存器

3）异常保留寄存器（EPSR，CR<2,0>；EPC，CR<4,0>）

当处理器响应所发生的异常（此处的异常指的是广义解释，包括硬件中断和软件中断）时，处理器当前的 PSR 和 PC 会被硬件自动保存到 EPSR 和 EPC 中。在异常处理完毕后，执行 RTE 指令，用 EPSR/EPC 恢复处理器的 PSR 和 PC，从而使处理器可以回到异常发生的地方继续执行（当然，如果需要实现中断嵌套，程序员需要首先将 EPSR/EPC 的值压入堆栈）。典型的异常处理流程如图 3-7 所示。

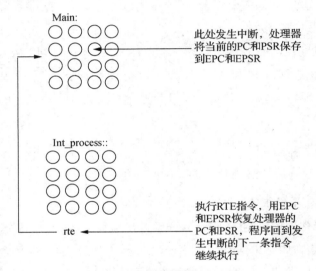

图 3-7　典型的异常处理流程

编程人员可以通过 MTCR 和 MFCR 指令对 EPSR/EPC 进行访问和修改：

```
MFCR R1, CR< 0,2>        //读取 EPSR 寄存器到 R1
MTCR R3, CR< 0,4>        //将 R3 的值写入 EPC 寄存器
```

4）产品序号寄存器（CPUIDR，CR<13,0>）

该寄存器用于记录 CPU 的信息，包括 CPU 的型号、配置情况等。产品序号寄存器是只读的。编程人员可以通过 MFCR Rz，CR< 13,0> 来获取 CPU 相关的信息。

5）隐式操作寄存器（CHR，CR<31,0>）

隐式操作寄存器是处理器的一些隐式操作的集合，主要是定义了软复位的操作。

如图 3-8 所示，Reset_value 是软复位使能域。当 Reset_Value 被写入 0XABCD 时，将触发处理器复位操作，处理器自行复位，并通过处理器引脚指示处理器发生软件复位。具体

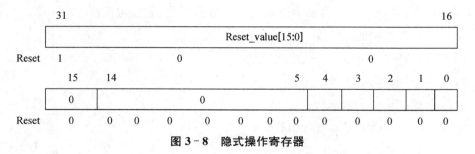

图 3-8　隐式操作寄存器

触发软件复位请求的指令序列参考如下：

```
LRW R1, 0xABCD0000    //加载可以触发软件复位的特征值 ABCD
MTCR R1, CR< 31,0>    //写入隐式操作寄存器,产生软件复位
```

3.6　存储器保护单元(MPU)

MPU 可以为微控制器和片上系统(SoC)产品提供存储器保护特性,而且可以提高所开发产品的健壮性。MPU 在使用前需要进行编程使能(主要通过控制寄存器组 0 中的一系列寄存器,包括 CR<18,0>、CR<19,0>、CR<20,0>和 CR<21,0>),若 MPU 未使能,则存储器系统的行为同没有 MPU 一样。

MPU 可以通过以下方式提高嵌入式系统的健壮性:

① 防止用户程序破坏操作系统的数据;

② 分离任务间的数据,防止任务间的数据相互访问;

③ 允许存储器区域被定义为只读的,以保护重要数据;

④ 检测不可预期的存储器访问(例如栈被破坏)。

另外,MPU 还可用于定义存储器访问特征,如不同区域的缓冲和缓存行为等。

MPU 通过将存储器映射为多个区域来进行保护,最多可以定义 8 个区域,不过还可以为特权访问定义一个默认的背景存储器映射(相当于设置一个默认的存储器属性了,大多数 SoC 的地址分配都是这个属性,不是这个属性的再用其他表项设置)。若对存储器位置的访问未在 MPU 区域中定义或者被该区域设置所禁止,存储器管理错误异常就会发生。

MPU 定义的区域在地址空间上可能会重叠,如果一个存储器的地址同时位于两个区域中,存储器访问属性和权限的设置则会基于数字较大的那个。例如,若存储器的地址同时位于区域 1 和区域 4,则区域 4 的设置为有效。

3.6.1　MPU 寄存器

通过对 CR<18,0>、CR<19,0>、CR<20,0>和 CR<21,0>4 个控制寄存器的设置,

存储器保护单元可以设置 8 个存储器地址空间区域的相应属性,包括:

① EN:表示该区域是否生效;

② Base Address:表示该区域的起始地址;

③ Size:表示该区域的大小;

④ B:表示该区域的缓冲属性;

⑤ NX:表示该区域取指的可执行性;

⑥ AP:表示该区域的访问权限。

存储器保护单元由多个寄存器控制,如表 3-6 所示。

表 3-6　存储器保护单元寄存器

名称	类型	控制寄存器编号/地址	描述
CCR	读/写	CR<18,0>	高速缓存配置寄存器
CAPR	读/写	CR<19,0>	可高速缓存和访问权限配置寄存器
PACR	读/写	CR<20,0>	保护区控制寄存器
PRSR	读/写	CR<21,0>	保护区选择寄存器

1) 高速缓存配置寄存器(CCR,CR<18,0>)

CCR 用来设置存储器保护单元是否使能,其各位如图 3-9 所示。复位时,该寄存器值清零,表示 MPU 未使能。在 MPU 未使能时,超级用户模式/普通用户模式对全部地址空间的访问均为可读可写,此时访问属性为不可 Cache。

设置 MPU 的使能位通常是 MPU 设置代码的最后一步。在使能 MPU 之前软件应该为每个区域进行设置,之后再设置 MPU 使能位;否则,MPU 可能会由区域设置完成前的意外引发错误。在有些情况下,在 MPU 设置程序开始的地方清除 MPU 使能是很必要的,这样可以确保 MPU 区域设置期间的意外不会引发 MPU 错误。

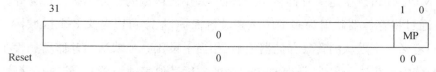

图 3-9　高速缓存配置寄存器

MP 是存储器保护设置位(其实使能 MPU 只需要 1 bit 就可以了,为了兼容早期设计,玄铁 803 处理器使用了 2 bit),其值如表 3-7 所示。

表 3-7　玄铁 803 的存储器保护设置

MP	功能
00 或 10	MPU 无效
01 或 11	MPU 有效

2) 保护区选择寄存器(PRSR,CR<21,0>)

PRSR 用来选择当前操作的保护区,在设置每个区域前需要写这个寄存器以选择要编程的区域,其各位如图 3－10 所示。

图 3－10　保护区选择寄存器

RID 是保护区索引值,表示所选择的对应保护区,如 000 表示第 0 保护区。RID 一共占用 3 bit,因此最多支持 8 个可以设置属性的保护区。

3) 保护区控制寄存器(PACR,CR<20,0>)

每个区域的起始地址、大小以及是否生效由 PACR 设置,其各位如图 3－11 所示。

图 3－11　保护区控制寄存器

(1) Base Address:保护区地址的基址。PACR 指出了保护区地址的基址,但写入的基址必须与设置的页面大小对齐,例如设置页面大小为 8 MB,则 CR<20,0>:bit[22:12]必须为 0,各页面的具体要求见表 3－8。由于基址占用了 20 bit,因此页面的最小单位是 $2^{12} = 4$ KB。

(2) Size:保护区大小。保护区大小从 4 KB 到 4 GB,它可以通过以下公式计算得到:保护区大小$=2^{(Size+1)}$。Size 的可设置范围为 01011 到 11111,其他一些值都会造成不可预测的结果。

表 3－8　保护区大小的设置及其对基址的要求

Size	保护区大小	对基地址的要求
00000～01010	保留	—
01011	4 KB	没有要求
01100	8 KB	CR<20,0>:bit[12]=0
01101	16 KB	CR<20,0>:bit[13:12]=0
01110	32 KB	CR<20,0>:bit[14:12]=0
01111	64 KB	CR<20,0>:bit[15:12]=0
10000	128 KB	CR<20,0>:bit[16:12]=0

Size	保护区大小	对基地址的要求
10001	256 KB	CR<20,0>:bit[17:12]=0
10010	512 KB	CR<20,0>:bit[18:12]=0
10011	1 MB	CR<20,0>:bit[19:12]=0
10100	2 MB	CR<20,0>:bit[20:12]=0
10101	4 MB	CR<20,0>:bit[21:12]=0
10110	8 MB	CR<20,0>:bit[22:12]=0
10111	16 MB	CR<20,0>:bit[23:12]=0
11000	32 MB	CR<20,0>:bit[24:12]=0
11001	64 MB	CR<20,0>:bit[25:12]=0
11010	128 MB	CR<20,0>:bit[26:12]=0
11011	256 MB	CR<20,0>:bit[27:12]=0
11100	512 MB	CR<20,0>:bit[28:12]=0
11101	1 GB	CR<20,0>:bit[29:12]=0
11110	2 GB	CR<20,0>:bit[30:12]=0
11111	4 GB	CR<20,0>:bit[31:12]=0

（3）E：保护区有效设置位。

① 当 E 为 0 时，保护区无效；

② 当 E 为 1 时，保护区有效。

4）可高速缓存和访问权限配置寄存器（CAPR，CR<19,0>）

每个区域的属性由 CAPR 设置，其各位如图 3－12 所示。

图 3－12　可高速缓存和访问权限配置寄存器

（1）NX0～NX7：对应于 8 个内存区域，是不可执行属性设置位。

① 当 NX 为 0 时，该区域为可执行区域；

② 当 NX 为 1 时,该区域为不可执行区域。

注:当处理器取指单元访问到不可执行区域时,会出现访问错误异常。

(2) B0～B7:对应于 8 个内存区域,是可缓冲属性设置位。

① 当 B 为 0 时,该区域不可以进行缓冲操作;

② 当 B 为 1 时,该区域可以进行缓冲操作。

(3) AP0～AP7:对应于 8 个内存区域,是访问权限设置位,具体设置如表 3-9 所示。

表 3-9　访问权限设置

AP	超级用户权限	普通用户权限
00	不可访问	不可访问
01	读写	不可访问
10	读写	只读
11	读写	读写

3.6.2　设置 MPU

由于 MPU 的区域数目有限,玄铁 803 CPU 最多可以支持 8 个区域(具体视玄铁 803 CPU 的具体型号而定)的设置,可以通过有技巧的编程充分地利用这些区域资源。典型的推荐做法包括:

(1) 设置背景区域,一般来说这个背景区域覆盖 4 GB 的存储器空间。这个区域的索引号为 0,表示其定义的优先级最低。

(2) 在背景区域的基础上,设置特定的小区域,该区域的属性定义会覆盖区域 0 设置的背景区域(因为其他区域的编号都大于区域 0 的编号,也就是优先级更高)。

只要清楚应用程序所需的存储器区域,有技巧地实现 MPU 的编程并不难。通常,下面的存储器区域是必需的:

① 特权程序的程序代码(如 OS 内核和异常处理);

② 用户程序的程序代码;

③ 多个存储器区域中用于特权程序和用户程序的数据存储器(例如,应用程序的数据和堆栈位于 SRAM 存储器区域);

④ 其他外设。

图 3-13 是 MPU 设置的简单流程。

下面是 MPU 设置的示例代码(如果对相关的指令还不熟悉,可以先参与本书的第 4 章中关于指令的介绍)。

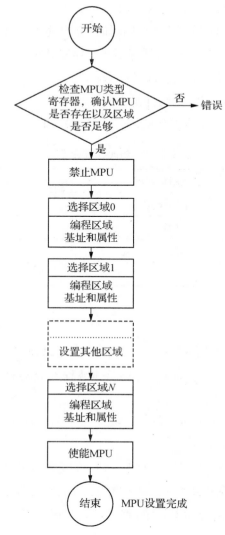

图 3-13 MPU 设置的简单流程

```
/*设置区域 0 的属性:不可执行,不可高速缓存,超级用户和普通用户可读写
mfcr      r10,cr< 19,0>
bclrir10,0      //设置控制寄存器第 0 位为 0,区域 0 不可执行
bsetir10,8      //设置控制寄存器第 8 和第 9 位为 1;对于区域 0,超级用户和普通用户都
                //可读写
bsetir10,9
bclrir10,24     //设置控制寄存器第 24 位为 0,区域 0 不可高速缓存
mtcr      r10,cr< 19,0>

/*设置区域 1 的属性:可执行,可高速缓存,超级用户和普通用户可读写
mfcr      r10,cr< 19,0>
bsetir10,1      //设置控制寄存器第 1 位为 1,区域 1 可执行
bsetir10,10     //设置控制寄存器第 10 和第 11 位为 1;对于区域 1,超级用户和普通用户
```

44

```
                    //都可读写
bsetir10,11
bsetir10,25        //设置控制寄存器第 25 位为 1,区域 1 可高速缓存
mtcr        r10,cr< 19,0>


/* 设置区域 2 的属性:可执行,不可高速缓存,超级用户可读写,普通用户只读
mfcr        r10,cr< 19,0>
bsetir10,2         //设置控制寄存器第 2 位为 1,区域 2 可执行
bclrir10,12        //设置第 12 位为 0,第 13 位为 1;对于区域 2,超级用户可读写,普通用户
                   //只读
bsetir10,13
bclrir10,26        //设置控制寄存器第 26 位为 0,区域 2 不可高速缓存
mtcr        r10,cr< 19,0>


/* 设置区域 3 的属性:不可执行,可高速缓存,超级用户和普通用户都可读写
mfcr        r10,cr< 19,0>
bclrir10,3         //设置控制寄存器第 3 位为 0,区域 3 不可执行
bsetir10,14        //设置第 14 和第 15 位为 1;对于区域 3,超级用户和普通用户都可读写
bclrir10,15
bsetir10,27        //设置控制寄存器第 27 位为 1,区域 3 可高速缓存
mtcr        r10,cr< 19,0>


/* 区域 4~7 的属性设置与区域 0、1、2 的属性设置相同
//区域 0~7 的可执行属性通过控制寄存器 CR< 19,0> 的[7:0]位设置
//区域 0~7 的访问权限通过控制寄存器 CR< 19,0> 的[23:12]位设置
//区域 0~7 的可缓存权限通过控制寄存器 CR< 19,0> 的[31:24]位设置


/* 设置保护区 0 的基址和大小
movi        r10,0
mtcr        r10,cr< 21,0>      //选择保护区 0
movi        r10,0x0            //设置保护区基址为 0x00000000
ori         r10,r10,0x3f       //设置保护区大小为 4 G
mtcr        r10,cr< 20,0>      //设置保护区基地址为 0,保护区大小为 4 G


/* 设置保护区 1 的基址和大小
movi        r10,1
    mtcr    r10,cr< 21,0>      //选择保护区 1
movih       r10,0x2800         //设置保护区基址为 0x28000000
    ori     r10,r10,0x2f       //设置保护区大小为 16 M
mtcr        r10,cr< 20,0>      //设置保护区地址区间为 0x28000000~0x29000000


/* 设置保护区 2 的基址和大小
movi        r10,2
mtcr        r10,cr< 21,0>      //选择保护区 2
movih       r10,0x2800         //设置保护区基址为 0x28000000
ori         r10,r10,0x27       //设置保护区大小为 1 M
mtcr        r10,cr< 20,0>      //设置保护区地址区间为 0x28000000~0x28100000


/* 设置保护区 3 的基址和大小
movi        r10,3
```

```
mtcr      r10,cr< 21,0>          //选择保护区 2
movih     r10,0x28f0             //设置保护区基址为 0x28f00000
ori       r10,r10,0x27           //设置保护区大小为 1 M
mtcr      r10,cr< 20,0>          //设置保护区地址区间为 0x28f00000~0x29000000

//保护区 3~7 的基址和大小的设置与区域 0、1、2 的设置相同
//设置控制寄存器 CR< 21,0> 以选择保护区
//将保护区基址和大小写入控制寄存器 CR< 20,0>

/ * 使能 MPU
mfcr      r7,cr< 18,0>           //选择 MPU 使能控制寄存器
bseti     r7,0                   //设置控制寄存器 CR< 18,0> 的最低两位为 2'b01,使能 MPU
bclri     r7,1
mtcr      r7,cr< 18,0>           //将预置值写入 MPU 使能控制寄存器,开启 MPU
```

第 4 章

玄铁 803 CPU 的指令集

4.1　32/16 位变长指令

　　玄铁 803 CPU 采用了 CSKY_V2 的指令系统,支持 16 位和 32 位两种长度的指令,其中 32 位指令采用 32 个通用寄存器和 3 操作数寻址模式,16 位指令采用 16 个通用寄存器和 2 操作数等多种寻址模式。32/16 位指令通过指令编码中的最高两位来区分,最高两位为 11 时代表 32 位指令,其余情况下则代表 16 位指令。具体的指令混编方式如图 4-1 所示。

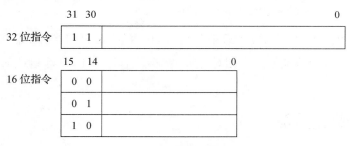

图 4-1　指令混编方式

4.2　指令编码与描述

　　玄铁 803 CPU 的指令集在编码方式上可以分为三大类,分别为:跳转类型(J 型)、立即数类型(I 型)和寄存器类型(R 型)。

4.2.1　跳转类型

　　32/16 位跳转类型(J 型)指令的编码方式如图 4-2 所示。

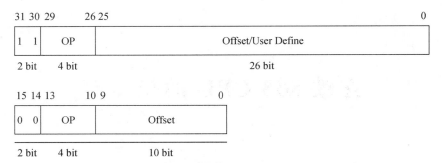

图 4 - 2　32/16 位跳转类型(J 型)指令的编码方式

其中,OP 域为主操作码,通过 4 位主操作码可以识别该编码类型的指令;Offset/User Define 域为跳转指令的偏移量或者供用户自定义的保留域。

典型的 J 型指令是函数调用指令 BSR,26 位的偏移量可以寻址的地址空间达到了 128 MB(26 位偏移量左移一位,构成±26 位偏移量,可以表达的地址范围是±64 MB)。如果调用一个起始地址为 Label 的函数,则 BSR 的汇编语法为:

```
BSR Label        //跳转到地址为 Label 的函数上,其中 Label= PC+ offset≪1
```

这里需要说明的是,与 ARM 处理器类似,Label 的生成是以当前 PC 为基址进行一个偏移。也就是说跳转目标地址是一个相对地址,而不是绝对地址,目标地址的生成总是以当前 PC 为基址的。

4.2.2　立即数类型

考虑到指令功能的不同及对立即数的不同需求,32 位立即数类型(I 型)指令包含 18 位立即数、16 位立即数和 12 位立即数三种编码方式。

18 位立即数的编码方式如图 4 - 3 所示。

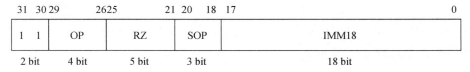

图 4 - 3　18 位立即数的编码方式

16 位立即数的编码方式如图 4 - 4 所示。

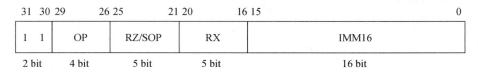

图 4 - 4　16 位立即数的编码方式

12 位立即数的编码方式如图 4 - 5 所示。

31 30	29	26 25	21 20	16 15	12 11	0
1　1	OP	RZ/RY	RX	SOP	IMM12	
2 bit	4 bit	5 bit	5 bit	4 bit	12 bit	

图 4 - 5　12 位立即数的编码方式

上述编码方式中,OP 域为主操作码,通过主操作码可以识别指令或者指令类型;SOP 域为子操作码;IMM 域为立即数。指令在经过主操作码(OP)的译码之后得出指令类型,需要对子操作码(SOP)的进一步译码才能得到具体指令。RZ 域为目的寄存器,RX 域和 RY 域分别为源 1 和源 2 寄存器。

典型的 32 位 I 型指令如下所示:

```
LRS32.H R1, [Label]
//从指针为 Label 的地址上访问 32 位数据并放入 R1,其中 Label= R28+ IMM18≪1
SRS32.H R1, [Label]
//将 R1 的低半字保存到指针为 Label 的地址上,其中 Label= R28+ IMM18≪1
BEZ R1, Label
//判断 R1 是否为 0,如果 R1= 0,跳转到 Label 处程序执行,否则顺序执行。Label= PC+
//IMM16≪1
ANDI R1, R7, IMM16    //R7 与 IMM16 执行逻辑与操作,结果放入 R1
LD.HS R1, R7, IMM12   //从 Mem[R7+ IMM12≪1]的内存地址上访问 16 位数据,
                      //高 16 位进行符号扩展后放入 R1
ST.HS R1,R7,IMM12     //将 R1 的低 16 位数据存放到 Mem[R7+ IMM12≪1]的内存地址上
```

立即数域设计的优劣直接影响了 16 位指令的使用频度。在 16 位立即数类型指令的设计中,设计了多种宽度的立即数,包括 IMM3、IMM5、IMM7、IMM8 四种类型,以实现节约 16 位指令的编码空间,同时又可以提高 16 位指令的使用频度。

16 位立即数类型指令的编码方式如图 4 - 6 所示。

出于节约 16 位指令编码空间的目的,在 16 位立即数类型指令中,可以操作的寄存器为 R0~R7。对于一些指令来说,源寄存器和目的寄存器设置为同一个寄存器。以下这些例子看上去有些复杂,好在对于普通程序员而言不用关心该使用几位立即数的 16 位指令,编译器将自动选择最合适的指令。典型的 16 位立即数指令如下所示:

```
ADDI R0,R1,IMM3       //R1 加上 IMM3,结果放入 R0
LSLI R0,R1,IMM5       //R1 逻辑左移 IMM5,结果放入 R0
LD.H R0,R1,IMM5       //从 Mem[R1+ IMM5≪1]的内存地址上访问 16 位数据,高 16 位补 0
                      //后放入 R0
CPMLTI  R1,IMM5       //判定 R1 是否小于有符号立即数 IMM5,如果是,置条件位 C 位为
                      //1,否则清 C 位为 0
LRW R1,Label
//从 Mem[PC+ IMM7≪1]的内存地址上访问 32 位数据,数据值为 Label,结果放入 R1
ADDI.SP R1,IMM7       //将堆栈指针 R14 加上 IMM7,结果放入 R1 中
```

```
ADDI  R1,IMM8
//R1 既是源寄存器,又是目的寄存器。将 R1 加上 IMM8,结果放入 R1 中
```

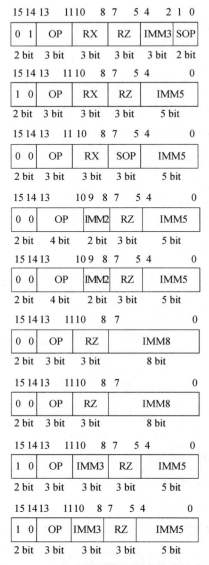

图 4-6　16 位立即数类型指令的编码方式

4.2.3　寄存器类型

32 位寄存器类型(R 型)指令的编码方式如图 4-7 所示。

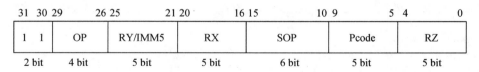

图 4-7　32 位寄存器类型(R 型)指令的编码方式

其中,OP 域为主操作码,通过 4 位主操作码可以识别指令的类型;RY/IMM5 域为源 2 寄存器或者 5 位立即数;RX 为源 1 寄存器;SOP 域为子操作码;Pcode 为第三级操作码;RZ 域为目的寄存器。部分指令经过主操作码(OP)译码之后得出指令类型,再经过子操作码(SOP)译码之后得出指令子类,最后通过第三级操作码(Pcode)译码识别出具体指令。

典型的 32 位 R 型指令如下所示:

```
ADD R1,R2,R3      //R2 与 R3 相加,结果存入 R1
LSLI R1,R2,IMM5   //R2 逻辑左移 IMM5,结果存入 R1
```

为了提高 16 位指令的使用频度,16 位寄存器类型指令可以支持 3 操作数类型和 2 操作数类型。当指令为 2 操作数类型时,目的寄存器与源 1 寄存器保持相同。同时,16 位寄存器类型指令可以支持索引 8 个寄存器和 16 个寄存器。

16 位寄存器类型指令的编码方式如图 4-8 所示。

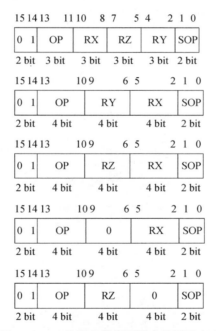

图 4-8 16 位寄存器类型指令的编码方式

典型的 16 位寄存器指令如下所示:

```
ADDI R0,R1,R2     //R1 加上 R2,结果放入 R0
ADDU R9,R10       //R9 既是源寄存器也是目的寄存器。R9 加上 R10,结果存入 R9
JMP  R7           //跳转到 R7 指向的地址
```

4.3 32 位指令列表

玄铁 803 CPU 的 32 位指令集按照指令实现的功能划分,可以分为以下几类:

① 数据运算指令;

② 分支跳转指令;

③ 内存存取指令;

④ 特权指令;

⑤ 特殊功能指令。

各类指令详细的执行功能可以从平头哥的官网 www.t-head.cn 上下载。

1)数据运算指令

数据运算指令可以进一步分为以下几个子类:

(1)加减法指令,如表 4-1 所示。

表 4-1　32 位加减法指令列表

ADDU32	无符号加法指令
ADDC32	无符号带进位加法指令
ADDI32	无符号立即数加法指令
SUBU32	无符号减法指令
SUBC32	无符号带借位减法指令
SUBI32	无符号立即数减法指令
RSUB32	反向减法指令
IXH32	索引半字指令
IXW32	索引字指令
IXD32	索引双字指令
INCF32	C 位为 0 立即数加法指令
INCT32	C 位为 1 立即数加法指令
DECF32	C 位为 0 立即数减法指令
DECT32	C 位为 1 立即数减法指令
DECGT32	减法大于 0 置 C 位指令
DECLT32	减法小于 0 置 C 位指令
DECNE32	减法不等于 0 置 C 位指令

（2）逻辑操作指令，如表 4－2 所示。

表 4－2　32 位逻辑操作指令列表

AND32	按位与指令
ANDI32	立即数按位与指令
ANDN32	按位非与指令
ANDNI32	立即数按位非与指令
OR32	按位或指令
ORI32	立即数按位或指令
XOR32	按位异或指令
XORI32	立即数按位异或指令
NOR32	按位或非指令
NOT32	按位非指令

（3）移位指令，如表 4－3 所示。

表 4－3　32 位移位指令列表

LSL32	逻辑左移指令
LSLI32	立即数逻辑左移指令
LSLC32	立即数逻辑左移至 C 位指令
LSR32	逻辑右移指令
LSRI32	立即数逻辑右移指令
LSRC32	立即数逻辑右移至 C 位指令
ASR32	算术右移指令
ASRI32	立即数算术右移指令
ASRC32	立即数算术右移至 C 位指令
ROTL32	循环左移指令
ROTLI32	立即数循环左移指令
XSR32	扩展右移指令

（4）比较指令，如表 4－4 所示。

表 4－4　32 位比较指令列表

CMPNE32	不等比较指令
CMPNEI32	立即数不等比较指令
CMPHS32	无符号大于等于比较指令

CMPHSI32	立即数无符号大于等于比较指令
CMPLT32	有符号小于比较指令
CMPLTI32	立即数有符号小于比较指令
TST32	零测试指令
TSTNBZ32	无字节等于 0 寄存器测试指令

（5）数据传送指令，如表 4－5 所示。

表 4－5　32 位数据传送指令列表

MOV32	数据传送指令
MOVF32	C 位为 0 数据传送指令
MOVT32	C 位为 1 数据传送指令
MOVI32	立即数数据传送指令
MOVIH32	立即数高位数据传送指令
MVCV32	C 位取反传送指令
MVC32	C 位传送指令
CLRF32	C 位为 0 清零指令
CLRT32	C 位为 1 清零指令
LRW32	存储器读入指令
GRS32	符号产生指令

（6）比特操作指令，如表 4－6 所示。

表 4－6　32 位比特操作指令列表

BCLRI32	立即数位清零指令
BSETI32	立即数位置位指令
BTSTI32	立即数位测试指令

（7）提取插入指令，如表 4－7 所示。

表 4－7　32 位提取插入指令列表

ZEXT32	位提取并无符号扩展指令
SEXT32	位提取并有符号扩展指令
INS32	位插入指令
ZEXTB32	字节提取并无符号扩展指令
ZEXTH32	半字提取并无符号扩展指令

续表 4 - 7

SEXTB32	字节提取并有符号扩展指令
SEXTH32	半字提取并有符号扩展指令
XTRB0.32	提取字节 0 并无符号扩展指令
XTRB1.32	提取字节 1 并无符号扩展指令
XTRB2.32	提取字节 2 并无符号扩展指令
XTRB3.32	提取字节 3 并无符号扩展指令
BREV32	位倒序指令
REVB32	字节倒序指令
REVH32	半字内字节倒序指令

（8）乘除法指令，如表 4 - 8 所示。

表 4 - 8　32 位乘除法指令列表

MULT32	乘法指令
MULSH32	16 位有符号乘法指令
DIVU32	无符号除法指令
DIVS32	有符号除法指令

（9）杂类运算指令，如表 4 - 9 所示。

表 4 - 9　32 位杂类运算指令列表

ABS32	绝对值指令
FF0.32	快速找 0 指令
FF1.32	快速找 1 指令
BMASKI32	立即数位屏蔽产生指令
BGENR32	寄存器位产生指令
BGENI32	立即数位产生指令

2）分支跳转指令

分支跳转指令可以进一步分为以下两个子类：

（1）分支指令，如表 4 - 10 所示。

表 4 - 10　32 位分支指令列表

BT32	C 位为 1 分支指令
BF32	C 位为 0 分支指令
BEZ32	寄存器等于 0 分支指令

续表 4 - 10

BHZ32	寄存器大于 0 分支指令
BNEZ32	寄存器不等于 0 分支指令
BHSZ32	寄存器大于等于 0 分支指令
BLZ32	寄存器小于 0 分支指令
BLSZ32	寄存器小于等于 0 分支指令

（2）跳转指令，如表 4 - 11 所示。

表 4 - 11　32 位跳转指令列表

BR32	无条件跳转指令
BSR32	跳转到子程序指令
JMPI32	间接跳转指令
JSRI32	间接跳转到子程序指令
JMP32	寄存器跳转指令
JSR32	寄存器跳转到子程序指令
RTS32	链接寄存器跳转指令

3）内存存取指令

内存存取指令可以进一步分为以下几个子类：

（1）立即数偏移存取指令，如表 4 - 12 所示。

表 4 - 12　32 位立即数偏移存取指令列表

LD32. B	无符号扩展字节加载指令
LD32. BS	有符号扩展字节加载指令
LD32. H	无符号扩展半字加载指令
LD32. HS	有符号扩展半字加载指令
LD32. W	字加载指令
ST32. B	字节存储指令
ST32. H	半字存储指令
ST32. W	字存储指令

（2）向量寄存器偏移存取指令，如表 4 - 13 所示。

表 4 - 13　32 位向量寄存器偏移存取指令列表

LDR32. B	寄存器移位寻址无符号扩展字节加载指令
LDR32. BS	寄存器移位寻址有符号扩展字节加载指令

续表 4 – 13

LDR32. W	寄存器移位寻址字加载指令
LDR32. H	寄存器移位寻址无符号扩展半字加载指令
LDR32. HS	寄存器移位寻址有符号扩展半字加载指令
STR32. B	寄存器移位寻址字节存储指令
STR32. H	寄存器移位寻址半字存储指令
STR32. W	寄存器移位寻址字存储指令

（3）多寄存器存取指令，如表 4 – 14 所示。

表 4 – 14　32 位多寄存器存取指令列表

LDQ32	连续四字加载指令
LDM32	连续多字加载指令
STQ32	连续四字存储指令
STM32	连续多字存储指令
PUSH32	压栈指令
POP32	退栈指令

（4）符号存取指令，如表 4 – 15 所示。

表 4 – 15　32 位符号存取指令列表

LRS32. B	字节符号加载指令
LRS32. H	半字符号加载指令
LRS32. W	字符号加载指令
SRS32. B	字节符号存储指令
SRS32. H	半字符号存储指令
SRS32. W	字符号存储指令

4）特权指令

特权指令可以进一步分为以下几个子类：

（1）控制寄存器操作指令，如表 4 – 16 所示。

表 4 – 16　32 位控制寄存器操作指令列表

MFCR32	控制寄存器读传送指令
MTCR32	控制寄存器写传送指令
PSRSET32	PSR 位置位指令
PSRCLR32	PSR 位清零指令

（2）低功耗指令，如表 4 - 17 所示。

表 4 - 17　32 位低功耗指令列表

WAIT32	进入低功耗等待模式指令
DOZE32	进入低功耗睡眠模式指令
STOP32	进入低功耗暂停模式指令

（3）异常返回指令，如表 4 - 18 所示。

表 4 - 18　32 位异常返回指令列表

RTE32	异常和普通中断返回指令

5）特殊功能指令（如表 4 - 19 所示）

表 4 - 19　32 位特殊功能指令列表

SYNC32	CPU 同步指令
SCE32	条件执行设置指令
IDLY32	中断识别禁止指令
TRAP32	无条件操作系统陷阱指令

4.4　16 位指令列表

玄铁 803 CPU 的 16 位指令集按照指令实现的功能来划分，可以分为以下 4 类：

① 数据运算指令；

② 分支跳转指令；

③ 内存存取指令；

④ 特殊功能指令。

1）数据运算指令

数据运算指令可以进一步分为以下几个子类：

（1）加减法指令，如表 4 - 20 所示。

表 4 - 20　16 位加减法指令列表

ADDU16	无符号加法指令
ADDC16	无符号带进位加法指令
ADDI16	无符号立即数加法指令
SUBU16	无符号减法指令
SUBC16	无符号带借位减法指令
SUBI16	无符号立即数减法指令

（2）逻辑操作指令，如表 4 - 21 所示。

表 4 - 21　16 位逻辑操作指令列表

AND16	按位与指令
ANDN16	按位非与指令
OR16	按位或指令
XOR16	按位异或指令
NOR16	按位或非指令
NOT16	按位非指令

（3）移位指令，如表 4 - 22 所示。

表 4 - 22　16 位移位指令列表

LSL16	逻辑左移指令
LSLI16	立即数逻辑左移指令
LSR16	逻辑右移指令
LSRI16	立即数逻辑右移指令
ASR16	算术右移指令
ASRI16	立即数算术右移指令
ROTL16	循环左移指令

（4）比较指令，如表 4 - 23 所示。

表 4 - 23　16 位比较指令列表

CMPNE16	不等比较指令
CMPNEI16	立即数不等比较指令
CMPHS16	无符号大于等于比较指令
CMPHSI16	立即数无符号大于等于比较指令
CMPLT16	有符号小于比较指令
CMPLTI16	立即数有符号小于比较指令
TST16	零测试指令
TSTNBZ16	无字节等于 0 寄存器测试指令

（5）数据传送指令，如表 4 - 24 所示。

表 4 - 24　16 位数据传送指令列表

MOV16	数据传送指令
MOVI16	立即数数据传送指令
MVCV16	C 位取反传送指令
LRW16	存储器读入指令

（6）比特操作指令，如表 4 - 25 所示。

表 4 - 25　16 位比特操作指令列表

BCLRI16	立即数位清零指令
BSETI16	立即数位置位指令
BTSTI16	立即数位测试指令

（7）提取插入指令，如表 4 - 26 所示。

表 4 - 26　16 位提取插入指令列表

ZEXTB16	字节提取并无符号扩展指令
ZEXTH16	半字提取并无符号扩展指令
SEXTB16	字节提取并有符号扩展指令
SEXTH16	半字提取并有符号扩展指令
REVB16	字节倒序指令
REVH16	半字内字节倒序指令

（8）乘除法指令，如表 4 - 27 所示。

表 4 - 27　16 位乘除法指令列表

MULT16	乘法指令
MULSH16	16 位有符号乘法指令

2）分支跳转指令

分支跳转指令可以进一步分为以下两个子类：

（1）分支指令，如表 4 - 28 所示。

表 4 - 28　16 位分支指令列表

BT16	C 位为 1 分支指令
BF16	C 位为 0 分支指令

（2）跳转指令，如表 4-29 所示。

表 4-29　16 位跳转指令列表

BR16	无条件跳转指令
JMP16	寄存器跳转指令
JSR16	寄存器跳转到子程序指令
RTS16	链接寄存器跳转指令

3）内存存取指令

内存存取指令可以进一步分为以下两个子类：

（1）立即数偏移存取指令，如表 4-30 所示。

表 4-30　16 位立即数偏移存取指令列表

LD16.B	无符号扩展字节加载指令
LD16.H	无符号扩展半字加载指令
LD16.W	字加载指令
ST16.B	字节存储指令
ST16.H	半字存储指令
ST16.W	字存储指令

（2）多寄存器存取指令，如表 4-31 所示。

表 4-31　16 位多寄存器存取指令列表

POP16	退栈指令
PUSH16	压栈指令
IPOP16	中断退栈指令
IPUSH16	中断压栈指令
NIE16	中断嵌套使能指令
NIR16	中断嵌套返回指令

注：NIE16 和 NIR16 需要在超级用户模式下执行。

4）特殊功能指令（如表 4-32 所示）

表 4-32　16 位特殊功能指令列表

BKPT16	断点指令

4.5　指令汇总表

玄铁 803 CPU 支持的指令集见表 4-33。

表 4-33　玄铁 803 CPU 的指令集

汇编指令	32 位	16 位	汇编语句格式	指令描述
ABS	○	×	ABS32　RZ,RX	绝对值指令
ADDC	○	○	ADDC32　RZ,RX,RY ADDC16　RZ,RX	无符号带进位加法指令
ADDI	○	○	ADDI32　RZ,RX,OIMM12 ADDI16　RZ,OIMM8	无符号立即数加法指令
ADDU	○	○	ADDU32　RZ,RX,RY ADDU16　RZ,RX	无符号加法指令
AND	○	○	AND32　RZ,RX,RY AND16　RZ,RX	按位与指令
ANDI	○	×	ANDI32　RZ,RX,IMM12	立即数按位与指令
ANDN	○	○	ANDN32　RZ,RZ,RX ANDN16　RZ,RX	按位非与指令
ANDNI	○	×	ANDNI32　RZ,RX,IMM12	立即数按位非与指令
ASR	○	○	ASR32　RZ,RX,RY ASR16　RZ,RX	算术右移指令
ASRC	○	×	ASRC32　RZ,RX,OIMM5	立即数算术右移至 C 位指令
ASRI	○	○	ASRI32　RZ,RX,IMM5 ASRI16　RZ,IMM5	立即数算术右移指令
BCLRI	○	○	BCLRI32　RZ,RX,IMM5 BCLRI16　RZ,IMM5	立即数位清零指令
BEZ	○	×	BEZ32　RX,LABEL	寄存器等于 0 分支指令
BF	○	○	BF32　LABEL BF16　LABEL	C 位为 0 分支指令
BGENI	○	×	BGENI32　RZ,IMM5	立即数位产生指令
BGENR	○	×	BGENR32　RZ,RX	寄存器位产生指令
BHSZ	○	×	BHSZ32　RX,LABEL	寄存器大于等于 0 分支指令
BHZ	○	×	BHZ32　RX,LABEL	寄存器大于 0 分支指令
BKPT	×	○	BKPT16	断点指令
BLSZ	○	×	BLSZ32　RX,LABEL	寄存器小于等于 0 分支指令

汇编指令	32 位	16 位	汇编格式	指令描述
BLZ	○	×	BLZ32　RX,LABEL	寄存器小于 0 分支指令
BMASKI	○	×	BMASKI32　RZ,OIMM5	立即数位屏蔽产生指令
BNEZ	○	×	BNEZ32　RX,LABEL	寄存器不等于 0 分支指令
BR	○	○	BR32　LABEL BR16　LABEL	无条件跳转指令
BREV	○	×	BREV32　RZ,RX	位倒序指令
BSETI	○	○	BSETI32　RZ,RX,IMM5 BSETI16　RZ,IMM5	立即数位置位指令
BSR	○	×	BSR32　LABEL	跳转到子程序指令
BT	○	○	BT32　LABEL BT16　LABEL	C 位为 1 分支指令
BTSTI	○	○	BTSTI32　RX,IMM5 BTSTI16　RX,IMM5	立即数位测试指令
CLRF	○	×	CLRF32　RZ	C 位为 0 清零指令
CLRT	○	×	CLRT32　RZ	C 位为 1 清零指令
CMPHS	○	○	CMPHS32　RX,RY CMPHS16　RX,RY	无符号大于等于比较指令
CMPHSI	○	○	CMPHSI32　RX,OIMM16 CMPHSI16　RX,IMM5	立即数无符号大于等于比较指令
CMPLT	○	○	CMPLT32　RX,RY CMPLT16　RX,RY	有符号小于比较指令
CMPLTI	○	○	CMPLTI32　RX,OIMM16 CMPLTI16　RX,OIMM5	立即数有符号小于比较指令
CMPNE	○	○	CMPNE32　RX,RY CMPNE16　RX,RY	不等比较指令
CMPNEI	○	○	CMPNEI32　RX,IMM16 CMPNEI16　RX,IMM5	立即数不等比较指令
DECF	○	×	DECF32　RZ,RX,IMM5	C 位为 0 立即数减法指令
DECGT	○	×	DECGT32　RZ,RX,IMM5	减法大于 0 置 C 位指令
DECLT	○	×	DECLT32　RZ,RX,IMM5	减法小于 0 置 C 位指令
DECNE	○	×	DECNE32　RZ,RX,IMM5	减法不等于 0 置 C 位指令
DECT	○	×	DECT32　RZ,RX,IMM5	C 位为 1 立即数减法指令
DIVS	○	×	DIVS32　RZ,RX,RY	有符号除法指令

汇编指令	32 位	16 位	汇编格式	指令描述
DIVU	○	×	DIVU32　RZ,RX,RY	无符号除法指令
DOZE	○	×	DOZE32	进入低功耗睡眠模式指令
FF0	○	×	FF0.32　RZ,RX	快速找 0 指令
FF1	○	×	FF1.32　RZ,RX	快速找 1 指令
GRS	○	×	GRS32　RZ,LABEL GRS32　RZ,IMM32	符号产生指令
IDLY	○	×	IDLY32 N	中断识别禁止指令
INCF	○	×	INCF32　RZ,RX,IMM5	C 位为 0 立即数加法指令
INCT	○	×	INCT32　RZ,RX,IMM5	C 位为 1 立即数加法指令
INS	○	×	INS32　RZ,RX,MSB,LSB	位插入指令
IPOP	×	○	IPOP16	中断退栈指令
IPUSH	×	○	IPUSH16	中断压栈指令
IXD	○	×	IXD32　RZ,RX,RY	索引双字指令
IXH	○	×	IXH32　RZ,RX,RY	索引半字指令
IXW	○	×	IXW32　RZ,RX,RY	索引字指令
JMP	○	○	JMP32　RX JMP16　RX	寄存器跳转指令
JMPI	○	×	JMPI32　LABEL	间接跳转指令
JSR	○	○	JSR32　RX JSR16　RX	寄存器跳转到子程序指令
JSRI	○	×	JSRI32　LABEL	间接跳转到子程序指令
LD. B	○	○	LD32.B　RZ,(RX,DISP) LD16.B　RZ,(RX,DISP)	无符号扩展字节加载指令
LD. BS	○	×	LD32.BS　RZ,(RX,DISP)	有符号扩展字节加载指令
LD. H	○	○	LD32.H　RZ,(RX,DISP) LD16.H　RZ,(RX,DISP)	无符号扩展半字加载指令
LD. HS	○	×	LD32.HS　RZ,(RX,DISP)	有符号扩展半字加载指令
LD. W	○	○	LD32.W　RZ,(RX,DISP) LD16.W　RZ,(RX,DISP)	字加载指令
LDM	○	×	LDM32　RY－RZ,(RX)	连续多字加载指令
LDQ	○	×	LDQ32　R4－R7,(RX)	连续四字加载指令

汇编指令	32 位	16 位	汇编格式	指令描述
LDR. B	○	×	LDR32. B　RZ,(RX,RY≪0) LDR32. B　RZ,(RX,RY≪1) LDR32. B　RZ,(RX,RY≪2) LDR32. B　RZ,(RX,RY≪3)	寄存器移位寻址无符号扩展字节加载指令
LDR. BS	○	×	LDR32. BS　RZ,(RX,RY≪0) LDR32. BS　RZ,(RX,RY≪1) LDR32. BS　RZ,(RX,RY≪2) LDR32. BS　RZ,(RX,RY≪3)	寄存器移位寻址有符号扩展字节加载指令
LDR. H	○	×	LDR32. H　RZ,(RX,RY≪0) LDR32. H　RZ,(RX,RY≪1) LDR32. H　RZ,(RX,RY≪2) LDR32. H　RZ,(RX,RY≪3)	寄存器移位寻址无符号扩展半字加载指令
LDR. HS	○	×	LDR32. HS　RZ,(RX,RY≪0) LDR32. HS　RZ,(RX,RY≪1) LDR32. HS　RZ,(RX,RY≪2) LDR32. HS　RZ,(RX,RY≪3)	寄存器移位寻址有符号扩展半字加载指令
LDR. W	○	×	LDR32. W　RZ,(RX,RY≪0) LDR32. W　RZ,(RX,RY≪1) LDR32. W　RZ,(RX,RY≪2) LDR32. W　RZ,(RX,RY≪3)	寄存器移位寻址字加载指令
LRS. B	○	×	LRS32. B RZ,[LABEL]	字节符号加载指令
LRS. H	○	×	LRS32. H RZ,[LABEL]	半字符号加载指令
LRS. W	○	×	LRS32. W RZ,[LABEL]	字符号加载指令
LRW	○	○	LRW32　LABEL LRW32　IMM32 LRW16　LABEL LRW16　IMM32	存储器读入指令
LSL	○	○	LSL32　RZ,RX,RY LSL16　RZ,RY	逻辑左移指令
LSLC	○	×	LSLC32　RZ,RX,OIMM5	立即数逻辑左移至 C 位指令
LSLI	○	○	LSLI32　RZ,RX,IMM5 LSLI16　RZ,RX,IMM5	立即数逻辑左移指令
LSR	○	○	LSR32　RZ,RX,RY LSR16　RZ,RY	逻辑右移指令
LSRC	○	×	LSRC32　RZ,RX,OIMM5	立即数逻辑右移至 C 位指令

汇编指令	32 位	16 位	汇编格式	指令描述
LSRI	○	○	LSRI32　RZ,RX,IMM5 LSRI16　RZ,RX,IMM5	立即数逻辑右移指令
MFCR	○	×	MFCR32　RZ,CR<X,SEL>	控制寄存器读传送指令
MOV	○	○	MOV32　RZ,RX MOV16　RZ,RX	数据传送指令
MOVF	○	×	MOVF32　RZ,RX	C 位为 0 数据传送指令
MOVI	○	○	MOVI32　RZ,IMM16 MOVI16　RZ,IMM8	立即数数据传送指令
MOVIH	○	×	MOVIH32　RZ,IMM16	立即数高位数据传送指令
MOVT	○	×	MOVT32　RZ,RX	C 位为 1 数据传送指令
MTCR	○	×	MTCR32　RX,CR<Z,SEL>	控制寄存器写传送指令
MULSH	○	○	MULSH32　RX MULSH16　RX	16 位有符号乘法指令
MULT	○	○	MULT32　RZ,RX,RY MULT16　RZ,RX	乘法指令
MVC	○	×	MVC32　RZ	C 位传送指令
MVCV	○	○	MVCV32　RZ MVCV16　RZ	C 位取反传送指令
NIE	×	○	NIE16	中断嵌套使能指令
NIR	×	○	NIR16	中断嵌套返回指令
NOR	○	○	NOR32　RZ,RX,RY NOR16　RZ,RX	按位或非指令
NOT	○	○	NOT32　RZ,RX NOT16　RZ	按位非指令
OR	○	○	OR32　RZ,RX,RY OR16　RZ,RX	按位或指令
ORI	○	×	ORI32　RZ,RX,IMM16	立即数按位或指令
POP	○	○	POP32　REGLIST POP16　REGLIST	退栈指令
PSRCLR	○	×	PSRCLR32　EE,IE,FE,AF	PSR 位清零指令
PSRSET	○	×	PSRSET32　EE,IE,FE,AF	PSR 位置位指令
PUSH	○	○	PUSH32　REGLIST PUSH16　REGLIST	压栈指令
REVB	○	○	REVB32　RZ,RX REVB16　RZ,RX	字节倒序指令

汇编指令	32 位	16 位	汇编格式	指令描述
REVH	◯	◯	REVH32　RZ,RX REVH16　RZ,RX	半字内字节倒序指令
ROTL	◯	◯	ROTL32　RZ,RX,RY ROTL16　RZ,RY	循环左移指令
ROTLI	◯	✕	ROTLI32　RZ,RX,IMM5	立即数循环左移指令
RSUB	◯	✕	RSUB32　RZ,RX,RY	反向减法指令
RTE	◯	✕	RTE32	异常和普通中断返回指令
RTS	◯	◯	RTS32 RTS16	链接寄存器跳转指令
SCE	◯	✕	SCE32　COND	条件执行设置指令
SEXT	◯	✕	SEXT32　RZ,RX,MSB,LSB	位提取并有符号扩展指令
SEXTB	◯	◯	SEXTB32　RZ,RX SEXTB16　RZ,RX	字节提取并有符号扩展指令
SEXTH	◯	◯	SEXTH32　RZ,RX SEXTH16　RZ,RX	半字提取并有符号扩展指令
SRS. B	◯	✕	SRS32. B　RZ,[LABEL]	字节符号存储指令
SRS. H	◯	✕	SRS32. H　RZ,[LABEL]	半字符号存储指令
SRS. W	◯	✕	SRS32. W　RZ,[LABEL]	字符号存储指令
ST. B	◯	◯	ST32. B　RZ,(RX,DISP) ST16. B　RZ,(RX,DISP)	字节存储指令
ST. H	◯	◯	ST32. H　RZ,(RX,DISP) ST16. H　RZ,(RX,DISP)	半字存储指令
ST. W	◯	◯	ST32. W　RZ,(RX,DISP) ST16. W　RZ,(RX,DISP)	字存储指令
STM	◯	✕	STM32　RY－RZ,(RX)	连续多字存储指令
STOP	◯	✕	STOP32	进入低功耗暂停模式指令
STQ	◯	✕	STQ32　R4－R7,(RX)	连续四字存储指令
STR. B	◯	✕	STR32. B　RZ,(RX,RY≪0) STR32. B　RZ,(RX,RY≪1) STR32. B　RZ,(RX,RY≪2) STR32. B　RZ,(RX,RY≪3)	寄存器移位寻址字节存储指令
STR. H	◯	✕	STR32. H　RZ,(RX,RY≪0) STR32. H　RZ,(RX,RY≪1) STR32. H　RZ,(RX,RY≪2) STR32. H　RZ,(RX,RY≪3)	寄存器移位寻址半字存储指令

汇编指令	32 位	16 位	汇编格式	指令描述
STR. W	○	×	STR32. W RZ,(RX,RY≪0) STR32. W RZ,(RX,RY≪1) STR32. W RZ,(RX,RY≪2) STR32. W RZ,(RX,RY≪3)	寄存器移位寻址字存储指令
SUBC	○	○	SUBC32 RZ,RX,RY SUBC16 RZ,RY	无符号带借位减法指令
SUBI	○	○	SUBI32 RZ,RX,OIMM12 SUBI16 RZ,OIMM8	无符号立即数减法指令
SUBU	○	○	SUBU32 RZ,RX,RY SUBU16 RZ,RY	无符号减法指令
SYNC	○	×	SYNC32 IMM5	CPU 同步指令
TRAP	○	×	TRAP32 0 TRAP32 1 TRAP32 2 TRAP32 3	无条件操作系统陷阱指令
TST	○	○	TST32 RX,RY TST16 RX,RY	零测试指令
TSTNBZ	○	○	TSTNBZ32 RX TSTNBZ16 RX	无字节等于 0 寄存器测试指令
WAIT	○	×	WAIT32	进入低功耗等待模式指令
XOR	○	○	XOR32 RZ,RX,RY XOR16 RZ,RX	按位异或指令
XORI	○	×	XORI32 RZ,RX,IMM12	立即数按位异或指令
XSR	○	×	XSR32 RZ,RX,OIMM5	扩展右移指令
XTRB0	○	×	XTRB0. 32 RZ,RX	提取字节 0 并无符号扩展指令
XTRB1	○	×	XTRB1. 32 RZ,RX	提取字节 1 并无符号扩展指令
XTRB2	○	×	XTRB2. 32 RZ,RX	提取字节 2 并无符号扩展指令
XTRB3	○	×	XTRB3. 32 RZ,RX	提取字节 3 并无符号扩展指令
ZEXT	○	×	ZEXT32 RZ,RX,MSB,LSB	位提取并无符号扩展指令
ZEXTB	○	○	ZEXTB32 RZ,RX ZEXTB16 RZ,RX	字节提取并无符号扩展指令
ZEXTH	○	○	ZEXTH32 RZ,RX ZEXTH16 RZ,RX	半字提取并无符号扩展指令

4.6　统一汇编语言与使用内联汇编

为了方便用户进行汇编语言编程,使其无须过多关注 32/16 位指令的差异,编程人员在书写汇编指令时只需要关注于指令的功能本身,而无须指定是 32 位指令还是 16 位指令。汇编器在处理时,会优先将编程人员的指令功能映射为 16 位指令,当无法映射至 16 位指令时,再将该指令功能映射至 32 位指令。比如下面这个 ADD 指令的例子中,所有的助记符都没有标注该指令是 32 位的还是 16 位的。

```
ADD R0,R1,R2          //R0= R1+ R2,映射为 16 位指令
ADD R0,R1             //R0= R0+ R1,映射为 16 位指令
ADD R17,R18           //R17= R17+ R18,映射为 32 位指令
ADD R0,R1,5           //R0= R1+ 5,映射为 16 位指令
ADD R0,R1,100         //R0= R1+ 100,映射为 32 位指令
```

CSKY gcc 的内联汇编基本格式符合 GNU gcc 的基本语法,使用 asm 关键字指出使用汇编语言编写的源代码段落。asm 段的基本格式为:asm("assembly code");下面给出几个例子:

```
/* 把 r1 的值赋给 r0 */:
asm("mov r0,r1");
/* 多条内联汇编语句 */
asm("mov r0,r1\rmov r1,r0");
/* 多条内联汇编语句,并使用可选的\t 让生成的汇编代码更友好 */
asm("mov r0,r1\n\t\mov r1,r0");
```

包含在括号中的汇编代码必须按照特定的格式:

①指令必须括在引号里;

②如果包含的指令超过一条,那么必须使用新行字符分隔汇编语言代码的每一行。通常,还应包含制表符帮助缩进汇编语言代码,使代码行更容易阅读。

需要上述第二条规则是因为编译器逐字地取得 asm 段中的汇编代码,并且把它们放在为程序生成的汇编代码中去。每条汇编语言指令都必须在单独的一行中,因此需要包含新行字符。如果不希望编译器优化内联汇编,可添加 volatile 关键字来阻止编译器优化,即 asm volatile("assembly code");。

4.7　汇编语言编程

汇编指令的格式分为指令名称和操作数名称两部分,中间用空格分隔。其中,操作数的类型如表 4 - 34 所示。一般情况下,目的操作数都书写在源寄存器之前,除了 st.[bhw]、 str.［bhw］、mtcr 指令之外。

表 4－34　玄铁 803 CPU 操作数的类型

操作数类型	书写格式	示例
通用寄存器	通用寄存器名称,详见寄存器别名	abs r1
V1 浮点寄存器	fr0～fr31	fabss fr1
V2 浮点寄存器	vr0～vr15	fabss vr0
V2 向量寄存器	同上,abiv2 中浮点模块和向量模块使用同一组寄存器	vabs. 8 vr1
带立即数偏移的内存地址	(rx,offset)	ld. w r1,(r2,4)
带寄存器索引的内存地址	(rx,ry≪n)	ldr. w r1,(r3,r2≪1)
地址引用	符号名称	bsr functionname
控制寄存器	cr<z,sel>(第 sel 组第 z 号寄存器)	mtcr r1,cr<0,0>
通用寄存器序列	x～ry,rz…	push r4～r11,r15

当汇编文件包含一些 C 语言的宏指令(如♯define、♯include、♯if 等)和注释时,它必须经过预处理。

gcc 编译器根据汇编文件的后缀名判断它是否需要预处理:

①当后缀名为(. S)时,表示文件包含宏指令,需要被预处理;

②当后缀名为(. s)时,表示文件只包含汇编指令,不需要被预处理。

比如一个包含宏指令的汇编文件(test. S)如下所示:

```
# define P 2 / * 与 C 语言语法一样,宏定义 * /
movi t0,P
```

通过 gcc 编译器添加-E 选项可以得到预处理之后的汇编文件,命令和生成的文件如下所示:

```
csky-elfabiv2-gcc -E test.S -o test.s
```

注意:不要将♯include、♯if 等指令和. include、. if 等指令混淆在一起,♯include、♯if 等指令是 C 语言宏指令,需要被预处理器处理,而. include、. if 等指令是汇编指令,只需要被汇编器处理。

汇编源程序中,除了汇编指令,还包含伪指令,伪指令在 CPU 指令集中没有对应的指令。汇编伪指令可以扩展成一个或多个汇编指令。使用伪指令的原因主要分为三种情况:

① 由于跳转指令的目标地址相对于指令本身的偏移距离不确定,导致使用哪种跳转指令需要由汇编器决定;

② 将一些指令的书写变得更为简洁;

③ CSKY_V2的汇编指令能兼容CSKY_V1的汇编指令。

汇编伪指令如表4-35所示。

表4-35 玄铁803 CPU的汇编伪指令

伪指令	扩展后的指令	描述	CPU
clrc	cmpne r0,r0	将C位清零	全部
cmplei rd,n	cmplti rd,n+1	立即数有符号的比较; 用小于兼容小于等于	全部
cmpls rd,rs	cmphs rs,rd	立即数无符号的比较; 用大于等于兼容小于等于	全部
cmpgt rd,rs	cmplt rs,rd	立即数有符号的比较; 用小于兼容大于等于	全部
jbsr label	Abiv1*: bsr label 或 jsrl label Abiv2: bsr label	跳转到子程序	全部
jbr label	Abiv1: br label 或 jmpi label Abiv2: br label	无条件跳转	全部
jbf label	Abiv1: bf label 或 bt if jmpi label 1:… Abiv2: bf label(16/32位) 或 bt if(16位) bt/jmpi label(32位) 1:…	C位为0跳转	全部

伪指令	扩展后的指令	描述	CPU
jbt label	abiv1： bt label 或 bf if jmpi label 1：… abiv2： bt label(16/32 位) 或 bf if(16 位) br/jmpi label(32 位) 1：…	C 位为 1 跳转	全部
rts	jmp r15	从子程序返回	全部
neg rd	abiv1： rsubl rd. 0 abiv2： not rd,rd addi rd,1	取相反数	全部
rotle rd,1	dde rd,rd	带进位的加法	全部
rotri rd,Imm	rotll rd,32-imm	立即数循环左移	全部
sete	cmphs r0,r0	设置 C 位	全部
tstle rd	cmpltl rd,1	测试寄存器的值是非正数	全部
tstle rd	btstl rd,31	测试寄存器的值是负数	全部
tstne rd	cmplnel rd,0	测试寄存器的值是非零数	全部
bgenl rz,lmm	movl rz immpow (immpow 为 2 的 imm 次幂)	将寄存器的第 imm 位置 1,其他位置 0	V2
ldq r4～r7,(rx)	idm r4～r7,(rx)	r4＝(rx,0),r5＝(rs,4)	V2
stq r4～r7,(rx)	stm r4～r7,(rx)	r6＝(rx,8),r7＝(rx,12)	V2
mov rz,rx	mov rz,rx 或 lsli rz,rx,0	(rx,0)＝r4,(rx,4)＝r5 若 rz 和 rx 都为 r0～r15,为 mov 若 rz 或 rx 为 r16～r31,为 lsli	V2
movf rz,rx	incf rz,rx,0	如果 C 位为 0,rz＝rx	V2
movt rz,rx	inct rz,rx,0	如果 C 位为 1,rz＝rx	V2
not rz,rx	nor rz,rx,rx	按位取非	V2
rsub rz,rx,ry	subu rz,ry,rx	rz＝ry－rx	V2

续表 4 – 35

伪指令	扩展后的指令	描述	CPU
rsubl	movl rl,imm16 subu rx,rl,rx	rz＝imm16－rx	V2
sextb rz,rx	sext rz,rx,7,0	取 rx 的第一个字节,并有符号扩展给 rz	V2
sexth rz,rx	sext rz,rx,15,0	取 rx 的第一个字,并有符号扩展给 rz	V2
zextb rz,rx	zext rz,rx,7,0	取 rx 的第一个字节,并无符号扩展给 rz	V2
zexth rz,rx	zext rz,rx,15,0	取 rx 的第一个字,并无符号扩展给 rz	V2
lrw rz,imm32	movih rz,imm32_hi16 ori rz,rz,imm32_lo16	加载 32 位的立即数到寄存器	V2
jbez rx,label	bez rx,label 或 bnez rx,if br/jmpi label(32 位) 1:…	若 rx 等于零,跳转到子程序	V2
jbnez rx,label	bnez rx,label 或 bcz rx,if br/jmpi label(32 位) 1:…	若 rx 不等于零,跳转到子程序	V2
jbhz rx label	bhz rx,label 或 blsz rx,if br/jmpi label(32 位) 1:…	若 rx 大于零,跳转到子程序	V2
jblsz rx,label	blsz rx,label 或 bhz rx,if br/jmpi label(32 位) 1:…	若 rx 小于等于零,跳转到子程序	V2
jblz rx,label	blz rx,label 或 bhsz rx,if br/jmpi label(32 位) 1:…	若 rx 小于零,跳转到子程序	V2
jbhsz rx,label	bhsz rx,label 或 blz rx,if br/jmpi label(32 位) 1:…	若 rx 大于等于零,跳转到子程序	V2

＊:Abi 是编译器对通用寄存器的编译使用规范,类似于 ARM CPU 的 ATPCS 规则。

73

第 5 章

异常与中断

5.1 异常与中断

异常处理(包括处理器异常、陷阱指令和硬件中断)是处理器的一个重要功能,在某些异常事件产生时,处理器会停止当前指令的执行,并转入对异常事件的处理。这些异常事件包括硬件中断、系统调用请求(一般被称为陷阱或者软件中断)、指令执行错误(一般也称为异常)等。为了统一术语,下文所说的"异常"一般是指处理器异常和陷阱指令异常,而"中断"一般是指由于外部硬件事件引起的硬件中断。

5.1.1 异常/中断类型

玄铁 803 处理器最多可以支持 256 个异常和中断,包括固定数量的系统异常和多个中断。其中,编号 0—31 的共 32 个异常为系统异常,32—255 号则为硬件中断。虽然玄铁 803 架构可以提供多达 224 个中断向量(从 32 号到 255 号中断,一共 224 个),但是在微控制器领域,往往只用到了 32 或者 64 个中断。因此,典型的玄铁 803 处理器的中断控制器支持的硬件中断数量一般为 32 或者 64,此时 32—63 号或者 32—95 号中断对应着中断向量。

玄铁 803 处理器支持的异常和中断如表 5-1 所示。

表 5-1 玄铁 803 处理器支持的异常和中断

向量号	异常类型	功能介绍
0	重启异常	重启异常是所有异常中优先级最高的,用于系统初始化和发生重大故障后的系统恢复
1	未对齐访问异常	处理器试图在与访问大小不对齐的地址边界上执行访问操作,就会发生地址未对齐访问异常。EPC 指向试图进行未对齐访问的指令。未对齐访问异常只发生在数据访问上
2	访问错误异常	如果总线访问导致了一个错误的回复,就意味着发生了访问错误异常。访问内存保护的区域出现访问错误时,也会发生访问错误异常。EPC 指向发起错误访问的指令

向量号	异常类型	功能介绍
3	除以零异常	当处理器发现除法指令的除数是零时,处理器进行异常处理而不执行该除法指令。EPC 指向该除法指令
4	非法指令异常	处理器译码时如果发现了非法指令或没有实现的指令,不会执行该指令而是进行异常处理。EPC 指向该非法指令
5	特权违反异常	为了保护系统安全,一些指令被授予了特权,它们只能在超级用户模式下被执行。试图在用户模式下执行下面的特权指令都会产生特权违反异常:MFCR、MTCR、PSRSET、PSRCLR、RTE、STOP、WAIT、DOZE。处理器如果发现了特权违反异常,在执行该指令前进行异常处理。EPC 指向该特权指令
6	跟踪异常	为了便于程序开发调试,玄铁 803 处理器对每条指令或对改变控制流的指令进行跟踪。在指令跟踪模式下,每条指令在执行完后都会产生一个跟踪异常,以便于调试程序监测程序的执行。跟踪异常处理起始于被跟踪的指令退休之后且在下一条指令退休之前。EPC 指向下一条指令
7	断点异常	玄铁 803 处理器提供了断点指令 BKPT,退休时产生断点异常。断点异常发生时,EPC 指向该指令
8	不可恢复错误异常	当 PSR(EE)为零时,异常会作为不可恢复的异常被处理,因为这时用于异常恢复的信息(存于 EPC 和 EPSR)由于不可恢复的错误而被重写了。 由于所写的软件在 PSR(EE)为零时默认排除了异常事件发生的可能,在这种情况下如果 CPU 发生异常,一般意味着有系统错误。在不可恢复错误异常的服务程序中,引起不可恢复错误异常的异常类型是不确定的
9	IDLY 异常	IDLY 异常用来指示在 IDLY 指令序列中发生了传输错误。在该异常服务程序中,EPC 指向引起传输错误的指令。异常服务程序应该分析发生传输错误的原因,并备份 EPC 的值以便在必要时重新执行 IDLY 指令序列
10	共享中断(自动向量)	玄铁 803 处理器的中断有两种模式,一个是共享中断号,即 10 号异常;一个是向量中断,由向量中断控制器提供中断号。提供两种方式是为了 SoC 集成者的灵活性。在这两种方式中选用哪一种由 CPU 硬件引脚指定(中断类型指示信号)。 当中断控制器提供给玄铁 803 内核的中断类型指示信号指示中断为自动中断时,这些类型的中断共享向量号 10,而不采用中断控制器提供的矢量中断号
11~15	保留	保留
16~19	陷阱指令异常(TRAP #0—TRAP #3)	一些指令可以用来显式地产生陷阱异常。TRAP #n 指令可以强制产生异常,它用于用户程序的系统调用。在异常服务程序中,EPC 指向 TRAP 指令
20~31	保留	
32~255	保留给向量中断控制器使用	

当前正在运行的异常的编号可以通过 PSR 寄存器的 VEC 域来指示。需要注意的是，这里的异常编号直接代表了玄铁 803 处理器内核的内置中断控制器的输入，即内置中断控制器输入给玄铁 803 处理器内核的中断引脚指示的数值范围应该为 32～255。

5.1.2　异常向量表

当玄铁 803 处理器内核的异常发生并被处理器接受时，对应的异常处理程序就会执行。为了确定异常处理程序的起始地址，处理器使用了向量表机制。向量表为存放在系统主存储器中的一个数组，每个元素代表了一种异常处理程序的起始地址。向量表的存放首地址由控制寄存器 VBR(CR<1,0>，异常入口基址寄存器)指定。复位后，VBR 寄存器被置为 0，因此复位后向量表位于地址 0x0 处。

表 5－2　玄铁 803 处理器内核的异常向量表

上电后的地址偏移(十六进制)	向量号	数值(字大小)
0x0	0	重启异常的起始地址
0x4	1	未对齐访问异常的起始地址
0x8	2	访问错误异常的起始地址
0xC	3	除以零异常的起始地址
0x10	4	非法指令异常的起始地址
0x14	5	特权违反异常的起始地址
0x18	6	跟踪异常的起始地址
0x1C	7	断点异常的起始地址
0x20	8	不可恢复错误异常的起始地址
0x24	9	IDLY 异常的起始地址
0x28	10	普通中断。(自动向量)的起始地址
0x2C—0x3C	11—15	保留
0x40—0x4C	16—19	陷阱指令异常(TRAP ♯0—TRAP ♯3)的起始地址
0x50—0x74	20—29	保留
0x78	30	保留
0x7C	31	保留
0x80—0x3FC	32—255	32—255 号中断服务程序的起始地址

例如，如果复位的异常类型为 0，那么复位向量的地址为 0×4(每个字为 4 个字节)，也就是 0x0000 0000 这个地址，0 号系统调用(TRAP ♯0)的入口地址位于 16×4＝0x0000 00040。

由于地址 0 处应该是启动代码的起始地址,且该位置通常为 Flash 存储器或者 ROM 设备,因此其数值在运行时是不能改变的。不过,向量表可以重定位到代码或者 RAM 区域中的其他位置,这样可以在运行时修改异常处理。通过设置 VBR 寄存器可以达到这个目的。当中断输入(也就是外部硬件中断)的数量为 32 时,异常的总数为 32+32=64,此时异常入口地址表的大小为 4×64=256 个字节。

以下是异常服务程序的入口地址设置的参考步骤:

第 1 步:设置异常向量表地址寄存器 VBR,根据向量号,各个异常向量号的对应异常向量表地址为:VBR+(向量号≪2)。

第 2 步:将异常服务程序的入口地址写到第 1 步中异常向量号对应的异常向量表地址中。

下面的代码给出了 2 号异常(访问错误异常)的向量地址初始化:

```
//设置异常向量表入口地址,VBR 对应控制寄存器 cr< 1,0>
lrw   r2,0
mtcr r2,    cr< 1,0> //设置异常向量表的地址为 0

//设置异常/中断服务程序入口地址
lrw r1,ACCERR_ERROR_BEGIN          //设置异常服务程序入口地址
movi  r2,0                //VBR 地址
movi  r3,0x2              //异常向量号
lsli   r3,r3,2
addu  r2,r2,r3            //计算异常向量号对应的异常向量表地址
st.w  r1,(r2,0x0)            //将异常入口地址存入相应的异常向量表地址
br  START

//用户设置的访问错误异常服务程序
label  ACCERR_ERROR_BEGIN
/＊用户的异常服务程序＊/
……
……
label  ACCERR_ERROR_END
……
label START
```

5.1.3　优先级定义

异常是否执行以及何时执行都会受到异常优先级制约。高优先级异常可以抢占低优先级异常的执行条件,这就是异常嵌套或者中断嵌套情况。玄铁 803 处理器在设计异常优先级时比较简洁,设计了 10 个优先级,1 代表最高优先级,10 代表了最低优先级。值得注意的是,在第 8 级中,几个异常共享一个优先级,因为它们之间相互有排斥性(也就是它们不可能同时发生)。系统异常和中断之间的优先级是固定的,软件不可配置,而不同中断的优先级

可以通过内置中断控制器的优先级设置域进行配置。

当多个异常同时发生时,拥有最高优先级的异常最先被处理。处理器在异常返回后重新执行产生异常的指令时,其余的异常可以依次重现以确保相关的异常事件不会丢失。表 5 - 3 所示是玄铁 803 处理器的异常优先级。

表 5 - 3　玄铁 803 的异常优先级

优先级	异常	特征
1	重启异常	处理器中止所有程序运行,初始化系统
2	待处理的跟踪异常	如果 EPSR 的 TP=1,在 RTE 指令退休后,处理器处理待处理的跟踪异常
3	IDLY 异常	在相关的指令退休后,处理器保存上下文并处理异常
4	不对齐错误	在相关的指令退休后,处理器保存上下文并处理异常
6	硬件中断	如果 IC=0,中断在指令退休后被响应;如果 IC=1,处理器允许中断在指令完成之前就被响应
7.0 7.1	不可恢复错误异常 访问错误异常	在相关的指令退休后,处理器保存上下文并处理异常
8	非法指令异常 特权违反异常 除以零异常 陷阱指令异常 断点异常 浮点异常*	在相关的指令退休后,处理器保存上下文并处理异常
9	跟踪异常	在相关的指令退休后,处理器保存上下文并处理异常

＊:见 IEEE-754 规定。

5.1.4　异常/中断处理流程

异常处理的关键就是在异常发生时,保存处理器当前指令运行的状态,在退出异常处理时恢复异常处理前的状态。玄铁 803 处理器根据异常识别时的指令是否正常完成来决定异常地址寄存器存储哪一条指令的地址。例如,如果异常事件是外部中断服务请求,被中断的指令将正常退休,它的下一条指令的地址将被保存在异常地址寄存器中作为中断返回时指令的入口;如果异常事件是由指令非正常完成触发的,发出异常指令的地址被保存到异常地址寄存器中,中断服务程序返回时将继续执行这条异常指令。

处理器在指令退休的时候响应异常,响应时的硬件行为如下:

第一步:更新 EPC 和 EPSR。处理器保存 PSR 和 PC 到 EPSR 和 EPC 中,用于在异常处理完成后可以正确返回。

第二步:更新 PSR。将 PSR 中的超级用户模式设置位 S 位置 1(不管发生异常时处理器处于哪种运行模式),使处理器进入超级用户模式;将当前发生的异常向量号更新到 PSR 中的 VEC 域,标识当前处于哪个异常的处理程序中;将 PSR 中的异常使能位 EE 位清零,防止异常处理程序中再次发生异常;将 PSR 中的中断使能位 IE 位清零,禁止异常处理程序中响应中断(也就是系统缺省状况下是不允许中断嵌套的,除非程序员显式地打开 EE 和 IE 位,以使得处理器可以接受中断嵌套)。上述行为均由硬件完成,因此是在同一时刻并行完成的。

需要特别指出的是,响应异常时,硬件会将 PSR 的 EE 位清零,以防止异常处理程序中再次发生异常。但是如果由于异常处理程序的书写不当,在异常处理程序中依然发生异常时(譬如总线访问错误异常),处理器将进一步产生不可恢复错误异常处理。由于不可恢复错误异常发生时处理器硬件又会覆盖 EPSR 和 EPC,这将使得软件再也无法从异常错误中恢复。因此,在异常服务程序编写中,编程人员要确保程序的安全。

第三步:处理器根据 PSR 中的异常向量号(VEC 域)访问得到异常入口地址。具体的访问过程为:(1) 将异常向量 VEC 乘以 4 后加上异常向量基准地址 VBR,得到当前异常的入口地址所在的向量表表项的内存地址 VEC_ADDR;(2) 从 VEC_ADDR 访问,得到该异常服务程序的入口地址 Exp_entry,并更新到程序计数器 PC 中。

第四步:处理器从 Exp_entry 处运行异常处理程序。

整个异常响应的过程如图 5-1 所示。

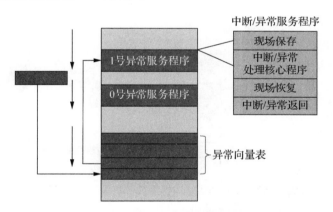

图 5-1　玄铁 803 处理器的异常响应过程

典型的异常服务程序如下所示:

```
Exp_entry:
IPUSH            //压栈,保存处理器的寄存器现场
……             //用 C 语言编写的异常处理程序内核
IPOP             //退栈,恢复处理器的寄存器现场
RTE              //异常退出
```

典型的异常服务程序包括几个重要的过程:

① 现场保存,又称压栈;

② 现场恢复,又称退栈;

③ 异常退出。

1) 现场保存

一般而言,异常处理程序采用 C 语言编写。C 编译器会对通用寄存器中的不可破坏寄存器 R4—R11、R15 进行保护,以防止 R4—R11、R15 的现场被破坏。此时,剩余的通用寄存器(即通用寄存器中的可破坏寄存器 R0—R3、R12、R13,这些寄存器通常用于函数调用间的参数传递等)就需要编程人员采用内嵌汇编的形式显式地进行保存。由于发生异常或者中断时,处理器处于超级用户模式,栈指针是超级用户模式的栈指针,因此异常处理的现场都保存在超级用户栈中。IPUSH 指令用于可破坏寄存器的压栈操作,其语法如下:

```
IPUSH              //将 R0—R3、R12、R13 依次保存到堆栈中
```

被压入栈的 6 个字组成的块通常称为栈帧,异常栈帧中的数据排列如图 5-2 所示。IPUSH 指令在把寄存器压入堆栈之后,会自动调整堆栈指针的地址到新的位置上。注意玄铁 803 处理器采用满递减栈的组织形式,而且 IPUSH 指令的压栈顺序是将低寄存器压入低地址,将高寄存器压入高地址(也就是 R13 最先入栈,R0 最后入栈)。

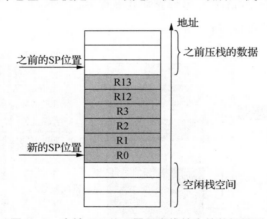

图 5-2 玄铁 803 处理器异常栈帧中的数据排列

2) 现场恢复

在异常处理完成后、异常退出之前需要进行现场的恢复。现场恢复的过程与现场保存的过程相反,依次将 R0—R3、R12、R13 从堆栈中恢复。现场恢复需要编程人员采用内嵌汇编的形式显式地进行保存。IPOP 指令用于可破坏寄存器的退栈操作,其语法如下:

```
IPOP               //将 R0—R3、R12、R13 依次从堆栈中恢复到寄存器中
```

IPOP 指令在栈帧从堆栈恢复到寄存器中后,会自动调整堆栈指针的地址到新的位置上。

3）异常退出

玄铁 803 处理器使用 RTE 指令完成异常退出。RTE 指令会用 EPSR 恢复 PSR，同时用 EPC 恢复程序计数器 PC，使得主函数从 EPC 处重新开始执行。程序员需要自己保证在调用 RTE 指令前，EPSR 和 EPC 中存放了正确的返回地址和原来的程序状态字。

5.1.5　中断嵌套

为了提高中断响应的实时性，玄铁 803 处理器允许中断在处理的过程中被更高优先级的中断抢占。玄铁 803 处理的内置中断控制器可以定义中断源的优先级，结合其中断处理机制可以实现中断的嵌套处理。

为了允许中断嵌套，在中断处理程序的开头要将 EPC、EPSR 保存至超级用户模式的堆栈中，并重新打开 PSR 中的 EE 位和 IE 位。由此，处理器可以再次响应中断，并且再次响应中断时，由于 EPC 和 EPSR 已经保存至存储器上的堆栈中，因此不会破坏原来被嵌套中断的现场。玄铁 803 处理器提供了 NIE 和 NIR 指令，用于 EPC/EPSR 寄存器的压栈和退栈操作。典型的允许中断嵌套的异常处理程序如下所示：

```
Exp_entry:
NIE              //将 EPC、EPSR 保存至堆栈中，并打开 PSR 的 EE 位和 IE 位
IPUSH            //压栈，保存处理器的寄存器现场
……             //用 C 语言编写的中断处理程序主体
IPOP             //退栈，恢复处理器的寄存器现场
NIR              //从堆栈中恢复现场到 EPC、EPSR，同时调整 SP 指针，并将 EPC 更
                 //新值、程序寄存器 PC、EPSR 更新至 PSR 中
```

图 5-3 给出了中断嵌套的示例。中断优先级设置为 IRQ0＜IRQ1＜IRQ2＜IRQ3，中断源请求产生的顺序为 IRQ0＞IRQ1＞IRQ2＞IRQ3。玄铁 803 处理器首先响应了 IRQ0，在 IRQ0 中断服务程序（ISR）执行的过程中，来了更高优先级的 IRQ1，因此 IRQ0 被抢占，玄铁 803 处理器开始执行 IRQ1 的中断服务程序。在 IRQ1 中断服务程序处理完毕后，处理器退回到 IRQ0 处理被抢占的 IRQ0，在 IRQ0 处理完毕后，处理器回到主程序（main）继续执行。

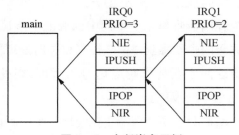

图 5-3　中断嵌套示例

另外,若允许多级中断嵌套,应该确保栈存储空间足够用。由于异常处理总是使用超级用户模式堆栈,应该确保超级用户模式堆栈有足够的空间以应对最大级别的嵌套中断。

5.1.6　复位流程

在收到复位请求时,处理器首先从 0x0 的位置读取复位异常入口地址,以图 5－4 为例,0x0 地址上存放的复位异常的入口地址为 0x0000 0100,处理器跳转进入 0x0000 0100 开始执行启动代码。在启动代码中,设置了超级用户的堆栈指针为 0x2000 8000,接下来堆栈操作的数据将依次存放到 0x2000 7FFC、0x2000 7FF8 等地址上。

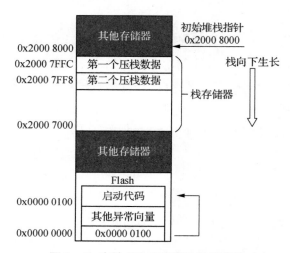

图 5－4　玄铁 803 处理器的复位流程

5.2　向量中断控制器

5.2.1　概述

我们已经了解向量中断控制器(VIC)是集成在玄铁 803 处理器中的,它同玄铁 803 内核紧密相连,其控制寄存器的访问方法和系统 IP 的方式一样。每个中断源拥有独立软件可编程的中断优先级。向量中断控制器收集来自不同中断源的中断请求,依据中断优先级对中断请求进行仲裁。最高优先级的中断将获得中断控制权并向处理器发出中断请求。当处理器响应了中断请求,处理器返回中断请求响应信号给 VIC;当处理器退出中断服务程序(ISR),处理器返回中断退出信号给 VIC。

向量中断控制器支持中断嵌套。当处理器正在处理一个中断请求的同时来了一个更高优先级的中断请求,处理器将中断当前中断服务程序的处理,响应更高优先级的中断请求。在更高优先级的中断请求处理结束时,CPU 返回被打断的中断服务程序继续执行。向量中断控制器允许高优先级的中断请求抢占低优先级的中断请求,但不允许同级别或者低优先级的中断抢占,从而保证了中断响应的实时性。

向量中断控制器的系统结构如图5-5所示。

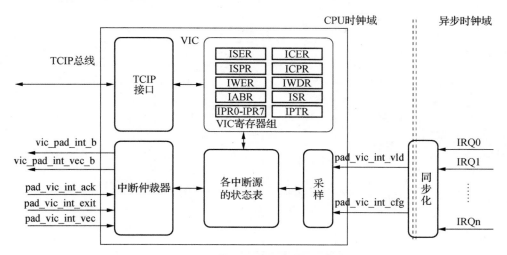

图5-5 向量中断控制器的系统结构

玄铁803处理器的VIC支持32个外部中断输入,可以通过访问专门的紧耦合IP空间进行访问,VIC对应的存储器基址为0xE000E000。VIC的大多数中断控制/状态寄存器只能在特权模式下访问。

VIC提供了一组32位的控制/状态寄存器,各个寄存器的地址空间如表5-4所示。

表5-4 VIC的寄存器地址空间

地址	名称	类型	初始值	描述
0xE000E100	VIC_ISER	读/写	0x00000000	中断使能设置寄存器
0xE000E104～0xE000E13F	—	—	—	保留
0xE000E140	VIC_IWER	读/写	0x00000000	低功耗唤醒设置寄存器
0xE000E144～0xE000E17F	—	—	—	保留
0xE000E180	VIC_ICER	读/写	0x00000000	中断使能清除寄存器
0xE000E184～0xE000E1BF	—	—	—	保留
0xE000E1C0	VIC_IWDR	读/写	0x00000000	低功耗唤醒清除寄存器
0xE000E1C4～0xE000E1FF	—	—	—	保留

地址	名称	类型	初始值	描述
0xE000E200	VIC_ISPR	读/写	0x00000000	中断等待设置寄存器
0xE000E204～ 0xE000E27F	—	—	—	保留
0xE000E280	VIC_ICPR	读/写	0x00000000	中断等待清除寄存器
0xE000E284～ 0xE000E2FF	—	—	—	保留
0xE000E300	VIC_IABR	读/写	0x00000000	中断响应状态寄存器
0xE000E304～ 0xE000E3FF	—	—	—	
0xE000E400～ 0xE000E41C	VIC_IPR0～ VIC_IPR7	读/写	0x00000000	中断优先级设置寄存器
0xE000E420～ 0xE000EBFF	—	—	—	保留
0xE000EC00	VIC_ISR	只读	0x00000000	中断状态寄存器
0xE000EC04	VIC_IPTR	读/写	0x00000000	中断优先级阈值寄存器
0xE000EC08～ 0xE000ECFF	—	—	—	保留

5.2.2 基本的中断配置

每个外部中断都有与之相关的一些寄存器，包括：

① 使能设置和使能清除寄存器；

② 等待设置和等待清除寄存器；

③ 优先级设置寄存器；

④ 活动状态寄存器。

1）中断使能设置寄存器（VIC_ISER）

中断使能设置寄存器可以通过两个地址编程，要设置使能位，需要写 ISER 寄存器地址；而要清除使能位，则要写 ICER 寄存器地址。这样，使能和禁止中断就不会影响到其他的中断使能状态。ISER 和 ICER 寄存器都是 32 位宽的，每个位代表一个中断输入。

VIC_ISER 用于使能各个中断，并且反馈各个中断的使能状态。图 5‐6 描述了 VIC_ISER 的位分布，表 5‐5 描述了 VIC_ISER 的位定义。

图 5‐6 VIC_ISER 的位分布

表 5-5　VIC_ISER 的位定义

位	名称	描述		
31:0	SETENA	设置使能,读取一个或者多个中断的使能状态,每一个位对应相同编号的中断源		
		读操作	0:对应中断未使能	
			1:对应中断已使能	
		写操作	0:无效	
			1:使能对应中断	

如果一个等待的中断已使能,向量中断控制器会根据其优先级激活该中断;如果一个中断未使能,该中断即使处于等待状态,向量中断控制器也不会激活该中断。

2) 中断使能清除寄存器(VIC_ICER)

VIC_ICER 用于清除各个中断的使能,并且反馈各个中断的使能状态。图 5-7 描述了 VIC_ICER 的位分布,表 5-6 描述了 VIC_ICER 的位定义。

图 5-7　VIC_ICER 的位分布

表 5-6　VIC_ICER 的位定义

位	名称	描述		
31:0	CLRENA	清除使能,读取一个或者多个中断的使能状态,每一个位对应相同编号的中断源		
		读操作	0:对应中断未使能	
			1:对应中断已使能	
		写操作	0:无效	
			1:清除对应中断使能	

3) 中断等待设置寄存器(VIC_ISPR)

如果中断发生了而没有立即执行(例如,若另一个更高优先级的中断处理正在执行),它会进入等待状态。中断等待状态可以通过中断等待设置(ISPR)和中断等待清除(ICPR)寄存器访问。软件可以修改等待状态寄存器的数值,因此通过 ICPR 寄存器可以取消当前等待的中断,或者通过 ISPR 寄存器产生一个软件中断。

VIC_ISPR 表征设置各个中断到等待状态。图 5-8 描述了 VIC_ISPR 的位分布,表 5-7 描述了 VIC_ISPR 的位定义。

图 5 - 8 VIC_ISPR 的位分布

表 5 - 7 VIC_ISPR 的位定义

位	名称	描述		
31:0	SETPEND	改变一个或多个中断为等待状态,每一个位对应相同编号的中断源		
		读操作	0:对应中断未处于等待状态	
			1:对应中断处于等待状态	
		写操作	0:无效	
			1:改变对应中断为等待状态	

4）中断等待清除寄存器（VIC_ICPR）

VIC_ICPR 表征清除各个中断的等待状态。图 5 - 9 描述了 VIC_ICPR 的位分布,表 5 - 8 描述了 VIC_ICPR 的位定义。

图 5 - 9 VIC_ICPR 的位分布

表 5 - 8 VIC_ICPR 的位定义

位	名称	描述		
31:0	CLRPEND	清除一个或多个中断的等待状态,每一个位对应相同编号的中断源		
		读操作	0:对应中断处于未等待状态	
			1:对应中断处于等待状态	
		写操作	0:无效	
			1:清除对应中断的等待状态	

5）中断优先级设置寄存器（VIC_IPR0～VIC_IPR7）

每个外部中断都有相应的优先级寄存器,每个中断对应的优先级设置位为 8 位。通过设置 IPR 寄存器,可对外部中断的优先级进行设置。

每个中断优先级设置寄存器提供 4 个中断源的优先级设置。根据应用的定义,每个中断源设置区域对应相应的中断源。对于硬件支持 32 个中断源的实现,VIC_IPR 的位分布如图 5 - 10 所示,表 5 - 9 则描述了 VIC_IPR 的位定义。

向量中断控制器根据优先级编号选择中断优先级,优先级编号越小,优先级越高。如果优先级编号相同,则根据中断源编号决定优先级顺序,编号越小,优先级越高。

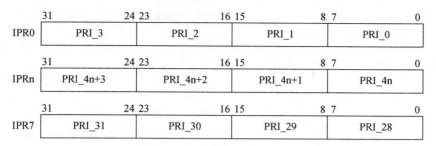

图 5 - 10　VIC_IPR 的位分布

表 5 - 9 描述了 VIC_IPRn 的位定义。在这张表中,N＝4n,n 为 VIC_IPRn 寄存器的编号。如对于 VIC_IPR2,n 为 2,则 N 为 8。

表 5 - 9　VIC_IPR 的位定义

位	名称	描述
31:30	PRI_N+3	中断号为 N＋3 的优先级,值越小优先级越高,每个中断的优先级只能设置 4 种,分别对应为 00、01、10、11
29:24	—	保留
23:22	PRI_N+2	中断号为 N＋2 的优先级,值越小优先级越高
21:16	—	保留
15:14	PRI_N+1	中断号为 N＋1 的优先级,值越小优先级越高
13:8	—	保留
7:6	PRI_N	中断号为 N 的优先级,值越小优先级越高
5:0	—	保留

6) 中断响应状态寄存器(VIC_IABR)

每个外部中断都有一个 Active 状态,当处理器开始执行中断处理时,该位设置为 1 并且在中断处理返回时清除。不过在中断服务程序执行期间,更高优先级的中断可能发生并且引起抢占。在这个期间,尽管处理器已经在执行另外一个中断处理,之前的中断仍会被视作 Active 状态。

VIC_IABR 用于指示各个中断当前的 Active 状态,是一个供软件查询的寄存器。另外,软件可在初始化 VIC 时,将所有中断的 Active 状态清零。图 5 - 11 描述了 VIC_IABR 的位分布,表 5 - 10 描述了 VIC_IABR 的位定义。

图 5 - 11　VIC_IABR 的位分布

表 5－10：VIC_IABR 的位定义

位	名称	描述		
31:0	Active	查询位,指示该中断源是否已经被 CPU 响应但还没处理完,每一位对应相同编号的中断源		
		读操作	0:没有被 CPU 响应	
			1:已经被 CPU 响应但还没处理完	
		写操作	0:清除中断的 Active 状态(软件不可对该寄存器写 1,否则会导致不可预期的错误)	

7) 中断状态寄存器(VIC_ISR)

VIC_ISR 指示了当前 CPU 正在处理的中断向量号和处于等待状态的优先级最高的中断向量号,该寄存器是一个供软件查询的只读寄存器。图 5－12 描述了 VIC_ISR 的位分布,表 5－11 描述了 VIC_ISR 的位定义。

图 5－12　VIC_ISR 的位分布

表 5－11　VIC_ISR 的位定义

位	名称	描述
31:21	Reserved	保留
20:12	VECTPENDING	指示当前等待的优先级最高的中断向量号
11:9	Reserved	保留
8:0	VECTACTIVE	指示 CPU 当前正在处理的中断向量号

8) 中断优先级阈值寄存器(VIC_IPTR)

由于允许高优先级中断抢占低优先级中断,使得低优先级中断的服务程序在执行过程中被高优先中断抢占。如果此时系统持续发生高优先级中断请求,就会导致低优先级的中断处理程序始终得不到完整的执行。为了防止这种死锁情况的发生,玄铁 803 处理器的向量中断控制器设计了中断优先级阈值寄存器。VIC_IPTR 定义了当前等待的中断请求能够发起中断抢占的优先级临界值。等待的中断请求的优先级必须高于 VIC_IPTR 定义的优先级阈值,才能发起中断抢占请求。在上述死锁情况下,可以在高优先级的中断处理程序中,通过将中断优先级阈值寄存器设置到最高优先级,防止处理器持续被高优先级中断抢占,从而保证了在当前中断处理完毕后,可以返回被抢占的低优先级中断处理程序中,将剩余程序执行完毕。图 5－13 描述了 VIC_IPTR 的位分布,表 5－12 描述了 VIC_IPTR 的位定义。

图 5-13　VIC_IPTR 的位分布

表 5-12　VIC_IPTR 的位定义

位	名称	描述
31	EN	中断优先级阈值有效位： 0——中断抢占不需要优先级高于阈值 1——中断抢占需要优先级高于阈值
30:17	Reserved	保留
16:8	VECTTHRESHOLD	指示优先级阈值对应的中断向量号。当 VIC 发现 CPU 从 VECTTHRESHOLD 对应的中断服务程序退出时，会硬件清除中断优先级阈值有效位
7:0*	PRIOTHRESHOLD	指示中断抢占的优先级阈值

*：玄铁 803 中仅高 2 位即[7:6]有效，剩下[5:0]为保留位。

9）中断低功耗唤醒设置寄存器（VIC_IWER）

在 SoC 系统设计中，某些中断事件同时也作为唤醒事件，将处理器从低功耗状态中唤醒。VIC_IWER 用于使能各个中断的低功耗唤醒功能，并且反馈各个中断低功耗唤醒的使能状态。图 5-14 描述了 VIC_IWER 的位分布，表 5-13 描述了 VIC_IWER 的位定义。

图 5-14　VIC_IWER 的位分布

表 5-13　VIC_IWER 的位定义

位	名称	描述		
31:0	SETENA	设置使能，读取一个或者多个中断低功耗唤醒的使能状态，每一个位对应相同编号的中断源		
		读操作	0：对应中断的低功耗唤醒功能未使能	
			1：对应中断的低功耗唤醒功能已使能	
		写操作	0：无效	
			1：使能对应中断的低功耗唤醒功能	

如果一个中断的低功耗唤醒功能已使能且该中断处于等待状态，VIC 产生低功耗唤醒请求；如果一个中断的低功耗唤醒功能未使能，即使该中断处于等待状态，VIC 也不产生低功耗唤醒请求。

注意：中断使能和中断唤醒使能分别控制中断事务和中断唤醒功能。当两者都使能时，一个处于等待状态的中断既产生中断请求又产生低功耗唤醒请求；当只有其中一个使能时，只激活对应的功能；当两者都没有使能时，即使该中断处于等待状态，也不会产生中断请求或低功耗唤醒请求。

10）中断低功耗唤醒清除寄存器（VIC_IWDR）

VIC_IWDR 用于清除各个中断的低功耗唤醒使能，并且反馈各个中断低功耗唤醒的使能状态。图 5-15 描述了 VIC_IWDR 的位分布，表 5-14 描述了 VIC_IWDR 的位定义。

图 5-15　VIC_IWDR 的位分布

表 5-14　VIC_IWDR 的位定义

位	名称	描述		
31:0	CLRENA	清除使能，读取一个或者多个中断低功耗唤醒的使能状态，每一个位对应相同编号的中断源		
		读操作	0：对应中断的低功耗唤醒功能未使能	
			1：对应中断的低功耗唤醒功能已使能	
		写操作	0：无效	
			1：清除使能对应中断的低功耗唤醒功能	

5.3　设置中断的步骤示例

VIC 采样外部中断源请求，进行中断优先级仲裁，选出最高优先级的中断请求 CPU 之前，必须按以下步骤配置 VIC 寄存器：

➢ 首先设置 VIC_IPR0～VIC_IPR7，给每个中断配置合适的优先级；

➢ 然后设置 VIC_ISER，使能相应的中断。

另外，VIC 支持软件设置 VIC_ISPR 产生中断请求，同样在 VIC_ISPR 设置之前必须按上述步骤配置中断优先级和中断使能位。

注意：CPU 响应 VIC 发送的中断请求之前需要使能 PSR.IE 和 PSR.EE，否则 CPU 无法响应中断。

设置 VIC 的参考代码如下：

```
//设置 psr 中的 ee 和 ie 位，cpu 响应中断
psrset   ee,ie
```

```
//设置中断号为 32～35 的中断使能位
lrw      r1,0x0
bseti    r1,0x0                //设置 32 号中断的使能位
bseti    r1,0x1                //设置 33 号中断的使能位
bseti    r1,0x2                //设置 34 号中断的使能位
bseti    r1,0x3                //设置 35 号中断的使能位
lrw      r2,  0xe000e100 //中断使能设置寄存器 ISER 对应的地址
st.w     r1,(r2,0x0)           //使能中断号为 32～35 的 4 个中断
//其他中断的使能同上,通过设置 ISER 寄存器的不同位来使能相应的中断

//设置中断优先级设置寄存器 IPR0,设置 32～35 号中断的优先级
lrw      r1,0x0
//通过 IPR0[7:6]设置 32 号中断的优先级为 2'b11,是最低优先级
//通过 IPR0[15:14]设置 33 号中断的优先级为 2'b00,是最高优先级
//通过 IPR0[23:22]设置 34 号中断的优先级为 2'b10
//通过 IPR0[31:30]设置 35 号中断的优先级为 2'b10
bseti    r1,0x6                //通过[7:6]两位设置 32 号中断优先级
   bsetir1,0x7                //设置 32 号中断的优先级为最低,IPR0[7:6]= 2'b11
bclri    r1,0x14               //通过[15:14]两位设置 33 号中断优先级
bclri    r1,0x15               //设置 33 号中断的优先级为最高,IPR0[15:14]= 2'b00
bclri    r1,0x22               //通过[23:22]两位设置 34 号中断优先级
bseti    r1,0x23               //设置 34 号中断的优先级为 2,IPR0[23:22]= 2'b10
bclri    r1,0x30               //通过[31:30]两位设置 35 号中断优先级
bseti    r1,0x31               //设置 35 号中断的优先级为 2,IPR0[31:30]= 2'b10
//将设置的优先级写入 IPR0
lrw      r2,  0xe000e400 //中断优先级设置寄存器 IPR0 对应的地址
st.w     r1,(r2,0x0)           //完成 32～35 号中断的优先级设置
//其他中断的优先级设置同上,通过设置对应的中断优先级设置寄存器 IPR1～IPR7 即可

//设置中断优先级阈值寄存器 VIC_IPTR
lrw      r1,0x2200             //设置中断优先级阈值寄存器的中断号,IPTR[16:8]= 34
bseti    r1,0x0                //使能中断优先级阈值寄存器
//通过 IPTR[7:6]设置能够抢占 34 号中断的中断优先级
//设置能够抢占 34 号中断的优先级必须高于 2'b01,
//即只有优先级为 2'b00(最高)的中断可以抢占 34 号中断
bseti    r1,0x6
bclri    r1,0x7
//将设置的 34 号中断对应的优先级阈值、使能位和中断号写入 IPTR
lrw      r2,  0xe000ec04 //中断优先级阈值寄存器 IPTR 对应的地址
st.w     r1,(r2,0x0)           //完成 34 号中断的优先级阈值设置
```

5.4　定时器 CoreTimer

　　许多操作系统都需要使用硬件定时器产生中断,以便 OS 可以执行任务管理,如允许多个任务运行在不同时间片上以及确保单个任务不会锁定整个系统。要实现这个目的,要求定时器产生中断,并且如果可能的话,应该避免用户任务访问定时器,这样用户程序就不能

改变定时器的动作了。

玄铁 803 处理器设计了内置的简单定时器,这个定时器具有 24 位计数值,并可以使用玄铁 803 内部时钟或者外部参考时钟。每经过一个时钟周期,定时器会递减 1,当递减到 0 时,定时器会产生中断请求。该中断请求作为普通中断请求接入 VIC。

系统定时器的每一个寄存器的宽度是 32 位,寄存器的地址空间如表 5-15 所示。

表 5-15 系统定时器寄存器定义

地址	名称	类型	初始值	描述
0xE000E010	CORET_CSR	读/写	0x00000004	控制和状态寄存器
0xE000E014	CORET_RVR	读/写	—	回填值寄存器
0xE000E018	CORET_CVR	读/写	—	当前值寄存器
0xE000E01C	CORET_CALIB	只读	—	校准寄存器
0xE000E020—0xE000E0FF	—	—	—	保留

1) 控制和状态寄存器(CORET_CSR)

CORET_CSR 是系统定时器的控制和状态寄存器,图 5-16 所示为其位分布,其位定义如表 5-16 所示。

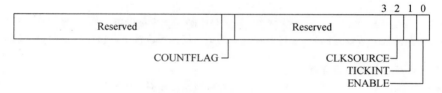

图 5-16 CORET_CSR 的位分布

表 5-16 CORET_CSR 的位定义

位	类型	名称	描述
31:17	—	—	保留
16	只读	COUNTFLAG	表示在上一次读此寄存器后计数器是否计数到 0: 0——计数器还没有计数到 0; 1——计数器已经计数到 0。 在计数器的值由 1 变到 0 时,COUNTFLAG 会被置位。 读 CSR 寄存器操作以及任何写 CVR 寄存器操作会使 COUNTFLAG 清零
15:3	—	—	保留

续表 5－16

位	类型	名称	描述
2	读/写	CLKSOURCE	表示系统定时器的时钟源： 0——用可选的外部参考时钟作为计数器的时钟源； 1——用内部时钟作为计数器的时钟源。 如果没有外部时钟，读此位将返回1,写此位没有任何作用。 外部参考时钟频率必须小于或等于内部时钟频率的一半
1	读/写	TICKINT	表示计数到 0 时是否会改变系统定时器的中断状态位： 0——计数到 0 时不会影响到系统定时器的中断状态位； 1——计数到 0 会改变系统定时器的中断状态位。 写 CVR 寄存器会使计数器清零，但这种方法不会导致系统定时器的中断状态位发生改变
0	读/写	ENABLE	表示系统定时器的使能状态位： 0——计数器没有使能； 1——计数器使能

2）回填值寄存器（CORET_RVR）

CORET_RVR 用于在每一次计数循环开始时给 CORET_CVR 赋值，CORET_RVR 的位分布及位定义分别如图 5－17 和表 5－17 所示。

图 5－17　CORET_RVR 的位分布

表 5－17　CORET_RVR 的位定义

位	名称	描述
31:24	—	保留
23:0	RELOAD	在计数器计数到 0 时，RELOAD 值会被赋给 CORET_CVR。 向 CORET_RVR 写 0 会使计数器在下一次循环时停止工作，此后计数器的值将一直保持为 0。当使用外部参考时钟使能计数器后，必须等到计数器正常计数开始后（即 CORET_CVR 变为非 0 值时），才可以将 CORET_RVR 置为 0 以让计数器在下一次循环时停止工作，否则计数器无法开始第一次计数

RELOAD 的正常取值范围在 0x1~0x00FFFFFF。RELOAD 可以被赋值为 0,但是没有任何作用的，因为系统定时器中断以及 COUNTFLAG 位只有在计数值由 1 变为 0 时才起作用。要产生一个周期为 N 个计数时钟周期的定时器，RELOAD 的值需要被赋为 $N-1$。比如要在每 100 个计数时钟周期时产生一个 CoreTimer 中断，需要将 RELOAD 赋值为 99。

3）当前值寄存器（CORET_CVR）

CORET_CVR 包含了系统定时器的当前值，其位分布及位定义分别如图 5-18 和表 5-18 所示。

31	24 23	0
Reserved	CURRENT	

图 5-18 CORET_CVR 的位分布

表 5-18 CORET_CVR 的位定义

位	名称	描述
31:24	—	保留
23:0	CURRENT	指示了计数器在被读取时的值。 写 CORET_CVR 会使此寄存器和 COUNTFLAG 状态位同时清零，导致下一个时钟周期开始时，系统定时器取出 CORET_RVR 里的值并赋给 CORET_CVR。注意，写 CORET_CVR 不会导致系统定时器的中断状态位发生改变。 读 CORET_CVR 会返回访问寄存器时计数器的值

4）校准寄存器（CORET_CALIB）

CORET_CALIB 描述了系统定时器的校准功能。它的复位值跟具体实现相关，需要从设备提供商提供的文档里得到关于 CORET_CALIB 位信息的含义，以及 CORET_CALIB 中的校准值 TENMS。有了 TENMS 这个校准值，软件可以通过将这个值乘上一定的比例来得到其他不同的计数周期，当然这个计数周期必须在计数器的取值范围之内。CORET_CALIB 的位分布及位定义分别如图 5-19 和表 5-19 所示。

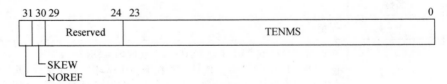

31 30 29	24 23	0
	Reserved	TENMS

└─ SKEW
└─ NOREF

图 5-19 CORET_CALIB 的位分布

表 5-19 CORET_CALIB 的位定义

位	名称	描述
31	NOREF	表示设备是否实现了外部参考时钟： 0——设备有外部参考时钟； 1——设备没有外部参考时钟。 当该位是 1 时，CORET_CSR 的 CLKSOURCE 位固定为 1，不能被改写

位	名称	描述
30	SKEW	表示 10 ms 校准值是否准确无误： 0——10 ms 校准值准确无误； 1——10 ms 校准值由于时钟频率的问题而有误差
29：24	—	保留
23：0	TENMS	用以表示 10 ms 时间对应的回填值。根据 SKEW 具体值的不同，它可能表示完全准确的 10 ms 值或者最接近 10 ms 的值。 如果这个域的值是 0，表示校准值未知。这可能是因为参考时钟是一个未知的输入或者是动态变化的

注意：如果将 CORET_RVR 设置为 0，那么 CoreTimer 计数器将在下一回合停止工作，而不管计数器的使能位状态。

SYST_CVR 的值在复位时是未知的。在使能 CoreTimer 计数器之前，软件必须先将需要的计数值写入 CORET_RVR，再向 CORET_CVR 写入任意值，后一操作会使 CORET_CVR 的值清零。这样，在使能计数器之后，计数器就可以读取 CORET_RVR 里的值并从这个值开始向下计数，从而避免了从一个任意的值开始计数。

由于系统定时器中 CORET_RVR 和 CORET_CVR 两个寄存器没有复位值，在系统定时器工作之前，必须按照下列步骤进行操作：

① 向 CORET_RVR 寄存器里写入需要的回填值；

② 向 CORET_CVR 寄存器里写入任意值从而使它清零；

③ 操作 CORET_CSR 寄存器，使能系统定时器。

第 6 章

玄铁 Hobbit 微处理器及其系统设计

介绍完 CPU 内核以后，接下来我们将扩展到整个嵌入式微处理器层面，以某个具体型号的微处理器为例，解释嵌入式微处理器的组成，理解其与应用之间的密切关联。

6.1 Hobbit 微处理器架构

6.1.1 概述

Hobbit 为平头哥推出的嵌入式微处理器，采用了 GSMC 130 nm 标准 CMOS 设计工艺；使用了平头哥自主开发的玄铁 802 处理器内核，具有极低功耗、极低成本的优点。Hobbit 还集成了 SPI、UART、I2C、GPIO、CLK&RST&POWM System、ADC 等丰富的外设，可以满足系统用户的各种通信需求。Hobbit 微处理器架构内部整体框图如图 6-1 所示。

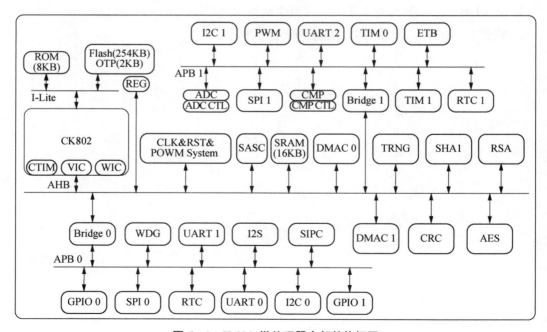

图 6-1 Hobbit 微处理器内部整体框图

6.1.2　内部模块

Hobbit 芯片中集成的各种功能模块如下：

① 玄铁 802 CPU 内核，主频 50 MHz；

② 向量中断控制器（VIC），支持 32 个中断源，中断优先级可配置；

③ 外部唤醒中断（WIC）；

④ 内嵌 256 KB 片上 Flash 存储器；

⑤ 内嵌 80 KB 片上静态存储器；

⑥ 内嵌 8 KB 的 ROM 存储器；

⑦ 时钟和功耗管理模块（CLK&RST&POWM System），支持 5 种功耗模式：RUN、WAIT、DOZE、STOP、STANDBY；

⑧ 两组通用输入/输出（GPIO），支持硬件模式软件模式；

⑨ 通用定时器（TIMER）；

⑩ 脉宽调制器（PWM）；

⑪ 2 个实时时钟模块（RTC），支持日历功能和看门狗功能；

⑫ 3 个通用异步串行接口（UART），发送和接收 FIFO 的深度都为 16 字，支持触发 DMA；

⑬ 2 个同步串行接口（SPI），发送和接收缓存的深度都为 32 字，支持触发 DMA；

⑭ 两个双通道 DMA 控制器（DMAC）；

⑮ 片上 PLL，支持动态调频；

⑯ 模拟比较器（ACPM），支持迟滞比较；

⑰ 集成电路数字互连接口（I2C）；

⑱ 集成电路音频互连接口（I2S）；

⑲ 看门狗（WATCHDOG）；

⑳ 循环冗余校验（CRC）模块；

㉑ 真随机数产生器（TRNG）模块；

㉒ 安全哈希算法（SHA1）接口；

㉓ 高级加密标准算法（AES）接口；

㉔ 加密算法（RSA）接口；

㉕ 事件触发模块（ETB）；

㉖ 安全专用控制模块（SIPC）；

㉗ 外部 Flash 存储器接口（EFlash）。

1）CPU 内核

（1）平头哥 32 位玄铁 802 处理器，面向极低功耗应用领域。

（2）16/32 位混编指令集 RISC 处理器架构。

（3）支持硬件乘法。

（4）支持 JTAG 调试。

（5）自带一个紧耦合计数器。

2）存储系统（Memory）

（1）内嵌 256 KB 片上 flash 存储器，支持直接启动。

（2）内嵌 80 KB 片上静态存储器，支持单周期读写。

（3）内嵌 8 KB 的 ROM 存储器。

3）向量中断控制器（VIC）

（1）32 个中断源。

（2）中断优先级可以配置。

（3）支持电平中断和脉冲中断。

4）唤醒中断模块（WIC）

当微处理器处于低功耗休眠时，可产生中断信号唤醒内核。

5）通用定时器（TIMER）

（1）2 通道。

（2）计数器宽度为 32 位。

（3）支持自由运行（free-run）模式和用户定义（user-defined）模式。

（4）支持中断置位。

（5）计数器时钟源可配置。

6）时钟和功耗管理（CLK＆RST＆POWM System）

（1）片上 PLL 支持芯片主频最高为 50 MHz。

（2）芯片主频可以软件配置。

（3）支持低功耗模式。

（4）共有 5 种功耗模式可供切换：

① RUN：系统正常工作，不进行低功耗处理；

② WAIT：CPU 的时钟关闭，外设时钟由软件控制；

③ DOZE：除了中断唤醒模块，其他所有时钟关闭；

④ STOP：除了 AON 区域和 SRAM，其他模块掉电；

⑤ STANDBY：除了 AON 区域，其他模块都掉电。

（5）系统进入 STANDBY 模式后可由 RTC 或外部中断唤醒。

（6）灵活的功耗管理机制，所有外围模块可单独关闭时钟。

7）通用输入/输出（GPIO）

（1）包含 2 组 GPIO，每组有 16 个方向可配置的复用引脚。

（2）可配上拉电阻和下拉电阻。

（3）每根信号线都支持中断产生。

（4）软件可配置引脚的多个用途（特殊用途、通用用途、中断）。

（5）外部信号输入将同步到 APB 总线时钟。

8）同步串行接口（SPI）

SPI 是串行通信接口，支持以 MASTER（主）和 SLAVE（从）模式与外设进行串行通信。SPI 模块有一个 32×32 字的 RX FIFO 和一个 32×32 字的 TX FIFO。综合使用控制信号，配合一些中断操作，SPI 可以实现快速数据通信。

（1）支持以 MASTER 和 SLAVE 模式工作。

（2）串行传输时钟可调。

（3）发送 FIFO 空或接收 FIFO 满时发出中断。

（4）支持中断工作方式。

（5）可配波特率。

（6）支持 DMA 传输模式。

9）通用异步串行串口（UART）

UART 是通用异步收发器单元，支持 RS-232 标准的非归零的编码格式，通过 RS-232 协议和外设进行串行通信。

（1）支持 2 个 UART 模块。

（2）可配波特率、停止位、奇偶校验位。

（3）支持硬件流控。

（4）传输位可配为 5～8 位。

（5）内含 16 级接收 FIFO 和 16 级发送 FIFO。

10）集成电路数字互连接口（I2C）

（1）支持 MASTER 模式和 SLAVE 模式。

（2）输入和输出 FIFO 深度都为 8，宽度为 8 位。

（3）支持 DMA 直接交互。

11）脉宽发生器（PWM）

（1）支持 12 个驱动输出。

（2）6 个 16 位计数器，每个计数器对应两个输出。

（3）计数器支持 1、2、4、8、16、32、64、128 分频。

（4）支持输出极性反转。

（5）可直接触发 ADC 进行采样。

12）直接内存存取（DMA）

（1）2 个 DMA 控制器，均可支持双向传输。

（2）每个 DMA 控制器支持双通道。

（3）支持硬件 DMA 通道优先级。

（4）32 位 AHB 总线主设备。

（5）支持 8、16 和 32 位宽度的传输。

（6）可产生 DMA 传输错误和 DMA 传输完成中断请求。

（7）中断可屏蔽。

13）模拟比较器（ACMP）

（1）支持 2 通道输入。

（2）支持产生中断。

（3）支持迟滞模式。

14）模数转换模块（ADC）

（1）支持 16 个外部输入通道。

（2）支持 12 bit 分辨率。

（3）支持最高 1M SPS 的转换速率。

（4）可在常规转换完成后产生中断。

（5）支持单独和连续通道转换模式。

（6）支持外部触发输入模式。

（7）ADC 输入范围为 0～VDD。

（8）在常规通道转换期间可产生 DMA 请求信号。

15）集成电路音频互连接口（I2S）

（1）支持串行-主机或者串行-从机工作模式。

（2）拥有 32 位宽度、32 字深度的接收和发送 FIFO。

（3）支持 16 位、44.1/48 KHz 的采样率。

（4）可产生 DMA 请求信号。

16）循环冗余校验模块（CRC）

具有 8 位/16 位快速验证特性。

17）高级加密标准算法接口（AES）

（1）支持 AES-128、AES-192 和 AES-256 三种长度密钥。

（2）支持电子码书（ECB）和密码块链接（CBC）两种模式。

18）安全哈希算法模块（SHA1）

支持哈希算法 1(SHA-1)。

19）真随机数产生器模块（TRNG）

可产生随机数字。

20）加密算法接口（RSA）

支持 192、256、512、1 024 和 2 048 位模乘幂运算。

21）安全专用控制模块（SIPC）

控制所有外设的安全属性。

22）事件触发模块（ETB）

（1）拥有最多 5 个外部输入触发源和 1 个软件触发源，包括：

① 1 个模拟比较器触发源；

② 2 个芯片管脚触发源；

③ 1 个 PWM 事件触发源；

④ 1 个定时器触发源；

⑤ 1 个软件触发源。

（2）拥有 4 个触发输出通道，包括：

① 1 个 ADC 通道；

② 3 个 PWM 定时器通道。

6.1.3　物理规格

1）工作电压

（1）内核：1.5 V。

（2）输入输出（I/O）：3.3 V。

2）工作频率

典型应用的工作频率为 50 MHz。

3）封装

采用 QFN64 封装形式。

6.2　Hobbit 微处理器核心模块

下面介绍 Hobbit 微处理器中的几个核心模块。

6.2.1　玄铁 802 内核

1）概述

Hobbit 处理器采用玄铁 802 内核、32 位地址与数据通路，AHB-Lite 主频率最高为 50 MHz。玄铁 802 是面向控制领域的 32 位高效能嵌入式 CPU 核，具有低成本、低功耗、高代码密度的特点。玄铁 802 采用 16/32 位混合编码指令系统，具有精简高效的 2 级流水线。同时配有紧耦合 IP：CoreTimer 和终端控制器。具体框图如图 6-2 所示。

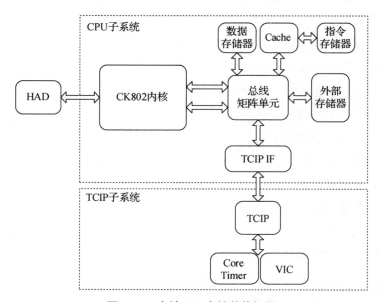

图 6-2　玄铁 802 内核整体框图

2）特点

玄铁 802 内核具有以下特点：

（1）采用精简指令集处理器架构（RISC）。

（2）采用 32 位数据、16/32 位混合编码指令。

（3）采用 16 个 32 位通用寄存器。

（4）集成 4 KB 指令 Cache。

（5）具有 2 级流水线。

（6）按序发射、按序执行、按序退休。

（7）采用可配置的多总线接口。

（8）支持多种处理器时钟和系统时钟比。

3）地址映射关系

Hobbit 采用统一编码方式，地址映射关系如表 6-1 所示。

表 6 - 1　Hobbit 的地址映射关系

地址	IP 名称	描述
0x0000_0000～0x0000_1FFF	ROM	启动 ROM 存储器
0x1000_0000～0x1003_F7FF	EFC	256 KB Flash 存储器
0x4000_0000～0x4000_0FFF	AHB Arb	AHB 仲裁器
0x4000_1000～0x4000_1FFF	DMAC0	DMA 控制器 0
0x4000_2000～0x4000_2FFF	CLKGEN	CLK&RST&POWM 管理单元
0x4000_3000～0x4000_3FFF	REV	保留
0x4000_4000～0x4000_5000	DMAC1	DMA 控制器 1
0x4003_F000～0x4003_FFFF	2 KB(OTP)＋2 KB(REG)	Flash 存储器
0x4000_6000～0x4000_6FFF	REV	保留
0x4000_7000～0x4000_7FFF	REV	保留
0x4000_8000～0x4000_8FFF	REV	保留
0x4000_9000～0x4000_9FFF	REV	保留
0x4000_A000～0x4000_AFFF	REV	保留
0x5000_0000～0x5000_FFFF	APB0 Bridge	APB 总线桥 0
0x5001_0000～0x5001_FFFF	APB1 Bridge	APB 总线桥 1
0x6000_0000～0x6001_3FFF	SRAM	80 KB 片上 SRAM 存储器
0x5000_1000～0x5000_1FFF	WDT	看门狗模块
0x5000_2000～0x5000_2FFF	SPI0	同步串行接口模块 0
0x5000_3000～0x5000_3FFF	RTC0	实时时钟模块 0
0x5000_4000～0x5000_4FFF	UART0	通用异步串行接口模块 0
0x5000_5000～0x5000_5FFF	UART1	通用异步串行接口模块 1
0x5000_6000～0x5000_6FFF	GPIO0	通用输入输出接口模块 0
0x5000_7000～0x5000_7FFF	I2C0	集成电路数字互连接口模块 0
0x5000_8000～0x5000_8FFF	I2S	集成电路音频与连接口模块
0x5000_9000～0x5000_9FFF	GPIO1	通用输入输出接口模块 1
0x5000_A000～0x5000_AFFF	REV	保留
0x5001_1000～0x5001_1FFF	TIM0	定时器 A
0x5001_2000～0x5001_2FFF	SPI1	同步串行接口模块 1
0x5001_3000～0x5001_3FFF	I2C1	集成电路数字互连接口模块 1
0x5001_4000～0x5001_4FFF	PWM	脉宽调制器
0x5001_5000～0x5001_5FFF	UART2	通用异步串行接口模块 2
0x5001_6000～0x5001_6FFF	REV	保留
0x5001_7000～0x5001_7FFF	CMP CTL	CMP 控制器
0x5001_8000～0x5001_8FFF	REV	保留
0x5001_9000～0x5001_9FFF	TIM1	定时器 B
0x5001_A000～0x5001AFFF	RTC1	实时时钟模块 1

4）启动

正常工作模式下,CPU 支持两种系统启动方式:

(1) 串口调试模式:复位后,CPU 判断 Flash 中是否被烧录过程序,若没有则将程序下载到内存或 Flash 中,再跳转到指定地址执行。

(2) Flash 启动:用户只需要将预定程序烧录到 Flash 中,复位后且启动程序进入 Flash 模式后,CPU 验证 Flash 程序的有效性。在发现 Flash 中的有效程序后,CPU 会从 Flash 取指执行。

系统启动流程图如图 6-3 所示。

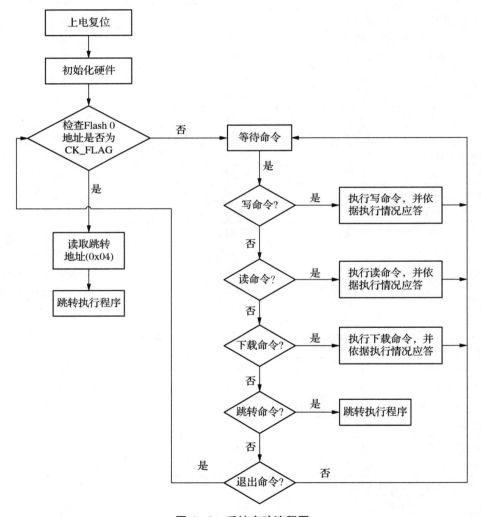

图 6-3　系统启动流程图

5）调试

玄铁 802 CPU 支持 JTAG 调试。

6.2.2　中断控制器

1）概述

中断控制器是用来管理来自内部/外部的异常事件，中断 CPU 的正常执行程序，使 CPU 进入指定中断服务函数的模块。

2）功能描述

中断控制器具有以下特点：

（1）支持 32 个中断源。

（2）支持高电平、低电平触发，支持上升沿、下降沿触发。

（3）支持中断源优先级可配。

（4）支持中断源屏蔽。

（5）支持中断类型屏蔽。

中断控制器的功能框图如图 6-4 所示。

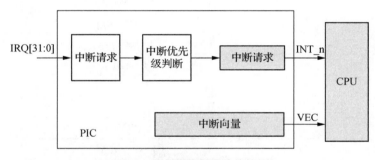

图 6-4　中断控制器功能框图

3）中断源分配

表 6-2　中断源列表

序号	中断源
0	GPIO0
1	CoreTimer
2	TimerA0
3	TimerA1
4	Reserved
5	WDT
6	UART0
7	UART1
8	UART2

续表 6 - 2

序号	中断源
9	I2C0
10	I2C1
11	SPI1
12	SPI0
13	RTC0
14	EXT WAKUP
15	Reserved
16	Reserved
17	DMAC
18	Reserved
19	PWM
20	SYS RESET
21	Reserved
22	Reserved
23	TimerB0
24	TimerB1
25	RTC1
26	Reserved
27	GPIO1
28	Reserved
29	Reserved
30	Reserved
31	Reserved

6.2.3　定时器

1) 概述

芯片中包含 2 个独立的 32 位定时器(Timer 0 和 Timer 1)。

2) 功能描述

定时器有以下特点:

(1) Timer 0 和 Timer 1 可单独使用,各自产生定时器中断。

(2) 支持自由运行和用户定义计数两种工作模式。

(3) 支持查询定时器的当前计数值。

(4) 计数器的宽度是 32 位。

6.2.4　看门狗

1) 概述

看门狗用于在系统死机时对系统重新复位。它本质上是一个定时器,这个定时器可用来监控程序的运行。程序设计时通过在程序的关键点预埋喂狗动作,当程序由于某种原因(软件或硬件故障)未按指定的逻辑运行时可复位系统,保证系统的可用性。

2) 功能描述

看门狗主要有两个特点:

(1) 一旦有外部物理复位信号到来,看门狗输出低电平复位信号并持续 510 个系统时钟时间,延长物理复位时间,保证系统充分复位;

(2) 防止系统死机,软件需要在一定时钟周期内发出敲门信号给看门狗,在预定时间内看门狗没有得到激励,则认为系统死机,将自动对系统进行复位,复位电平持续时间为 510 个系统时钟。

6.2.5　模拟比较器

1) 概述

模拟比较单元包含一个模拟比较器,有两个输入:正相输入和反相输入。如果正相输入大于反相输入,则比较器输出高电平 1,否则输出低电平 0。可设置中断使能位,和配置寄存器一起,使输出发生变化时发出中断请求。实际应用中可将模拟量与一标准值进行比较,当高于该值时,输出高(或低)电平;反之,则输出低(或高)电平。例如,将一温度信号接于运放的同相端,反相端接一电压基准(代表某一温度),当温度高于基准值时,运放输出高电平,控制加热器关闭;反之,当温度低于基准值时,运放输出低电平,将加热器接通。

2) 框图

模拟比较器(ACMP)的结构框图如图 6-5 所示。

3) 迟滞比较

迟滞比较有助于消除寄生在信号上的干扰,如输入电压超过基准电压,此时输出并不变化,直到超过一定幅度之后,比较器才进行输出。类似地,如果输出为 1,当输入电压已低于参考电压,比较器输出也不马上响应,而是要等到低于负迟滞比较电压之后比较器输出才进行翻转,如图 6-6 所示。

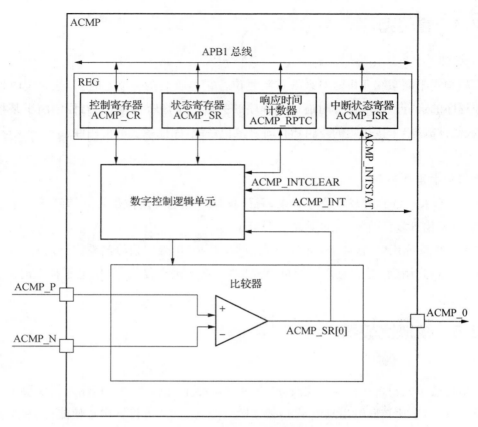

图 6-5　模拟比较器框图

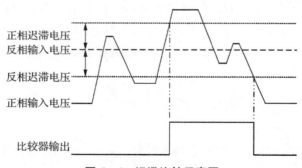

图 6-6　迟滞比较示意图

6.2.6　DMA

1）概述

直接内存访问（DMA）方式是一种完全由硬件执行 I/O 交换的工作方式。在这种方式中，DMA 控制器（DMAC）完全接管对总线的控制，数据交换不经过 CPU，而直接在存储器之间、外设之间以及内存和 I/O 设备之间进行。DMA 方式一般用于高速传送成组的数据。

DMA 控制器将向内存发出地址和控制信号，修改地址，对传送的字的个数计数，并且以中断方式向 CPU 报告传送操作的结束。HHobbit 芯片中包含两个 DMA 控制器。

2）功能描述

DMAC 模块挂载在 AHB 总线上，同时兼具桥的功能。当外设或者存储器需要通过 AHB 总线访问其他资源时，可直接向 DMAC 发出请求（Bridge Request），DMAC 作为总线主设备，会快速实现源（Sourec）和目的（Destination）之间数据的传送，过程中不需要 CPU 参与，以减轻 CPU 的负担。在目前系统中，SPI、UART 等外设模块可以请求 DMA 传送。DMAC 包括以下功能模块：AHB Slave 接口、AHB Mater 接口、中断和内部 FIFO，具体组成结构如图 6-7 所示。

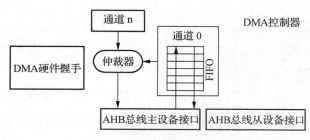

图 6-7　DMA 控制器框图

6.3　Hobbit 微处理器接口模块

限于篇幅，下面仅重点介绍 Hobbit 微处理器中的个别接口模块，其他模块可参考 Hobbit 微处理器芯片手册。

6.3.1　I2C

1）概述

I2C（Inter-Integrated Circuit）是一种串行的低速同步通信总线，其接口有 2 个信号：SDA（串行数据或地址线）和 SCL（串行时钟线）。Hobbit I2C 模块具有 I2C 总线主设备功能，可对 I2C 总线从设备进行通信，遵循 I2C 总线协议 2.1 版。I2C 的典型接线方式如图 6-8 所示。

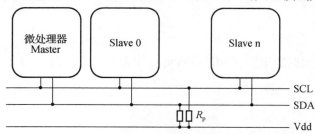

图 6-8　I2C 的典型接线方式

2）功能描述

I2C 模块有以下特点：

（1）支持标准的 100 kbit/s 数据传输速率和 400 kbit/s 的快速模式；

（2）提供 TX FIFO 和 RX FIFO；

（3）支持中断上报、中断查询。

I2C 接口的信号如表 6-3 所示。

表 6-3　I2C 接口的信号

信号名	方向	描述
I2C_SCL	双向	I2C 串行时钟线
I2C_SDA	双向	I2C 串行数据地址线

I2C 在传送数据时，SDA 上的数据信号必须在 SCL 处于高电平时保持稳定，只能在 SCL 处于低电平时变换相位。

START 传送的条件是在 SCL 处于高电平时，SDA 有一个高→低的跳变。STOP 传送的条件是在 SCL 处于高电平时，SDA 有一个低→高的跳变。这个过程如图 6-9 所示。

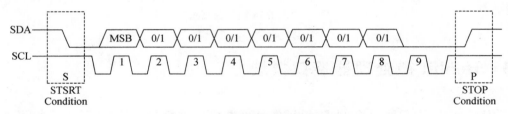

图 6-9　I2C 总线的数据传送过程

I2C 总线上的每个数据包的宽度是 8 位，外加一个确认（ACK）位，所以一个完整的数据传送包括 8 个时钟周期。当接收器（Receiver）接收完 8 位后，将 SDA 置低来表示 ACK，此时发送器（Transmitter）需要释放 SDA 引线。如果从接收器（Slave Receiver）没有发送 ACK，则表示 Receiver 没有收到数据，那么主发送器（Master Transmitter）可以发送 STOP 信号终止数据传送。如果主接收器（Master Receiver）没有发送 ACK，则表示传送结束，那么从发送器（Slave Transmitter）可以终止传送。

6.3.2　SPI

1）概述

SPI 控制器实现数据的串并、并串转换，可以作为主设备与外部设备进行高速同步串行通信。

2）功能特性

SPI 接口具有以下特点：

（1）支持多个中断及中断屏蔽寄存器。

（2）芯片有两组 SPI 接口，每个 SPI 接口支持最大 2 个从设备。

（3）支持中断源优先级可配。

（4）时钟频率可编程。

（5）与 APB 总线时钟同步。

（6）数据发送/接收 FIFO 的位宽为 16 位，深度为 128 字。

（7）支持 SPI 全双工工作模式，支持数据帧传输极性及相位调节。

（8）提供内部自回环模式测试。

（9）支持 4～16 bit 的软件可配置的 SPI 传输模式。

3）典型应用

SPI 接口连接多个从设备的典型方式如图 6-10 所示。

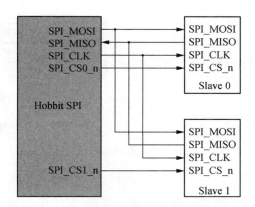

图 6-10　SPI 接口的典型连接方式

4）传输时序

串行数据在时钟下降沿生成，在时钟上升沿进行采样，如图 6-11 所示。

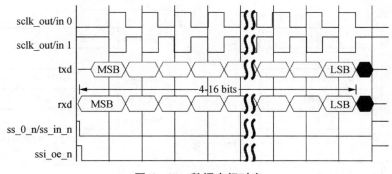

图 6-11　数据串行时序

同一条命令执行完毕需要取消片选，下一条命令重新使能片选；同一条命令处理过程中取消片选会中断该命令。

为适应多种设备,该模块可设置数据串行传输顺序,可以通过设置 FRF 寄存器来实现: 0 表示从 MSB 开始,1 表示从 LSB 开始。

5) SPI 模块的 4 种传输模式

(1) Transmit & Receive 模式

Transmit & Receive 模式下,SPI 模块发送数据的同时接收数据,发送数据个数等于接收数据个数,如图 6 - 12 所示。

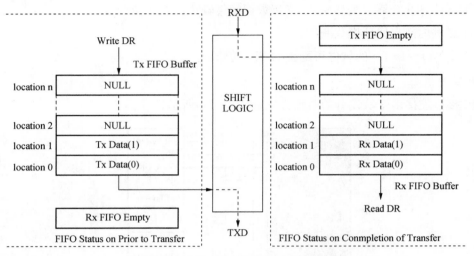

图 6 - 12   Transmit & Receive 模式示意图

(2) Transmit Only 模式

Transmit Only 模式下,SPI 模块只进行数据发送,对于接收的数据,经过移位寄存器后不放入接收 FIFO 中,如图 6 - 13 所示。

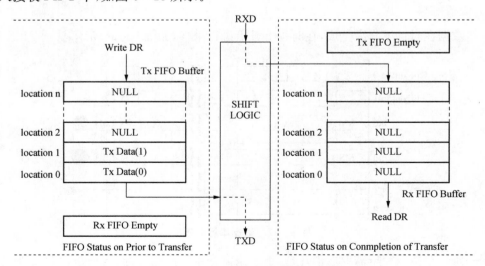

图 6 - 13   Transmit Only 模式示意图

（3）Receive Only 模式

Receive Only 模式下,SPI 模块只进行数据的接收,但是为了启动数据接收,必须在发送 FIFO 中随意写入一个数据,这个数据会被重复发送出去,如图 6-14 所示。

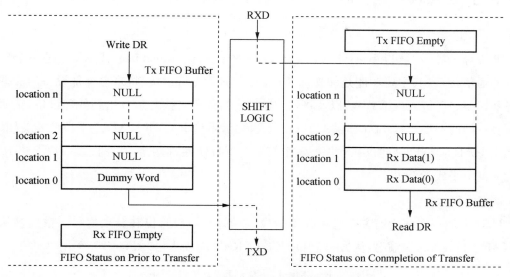

图 6-14　Receive Only 模式示意图

（4）EEPROM Read Transfer 模式

EEPROM Read Transfer 模式下,SPI 模块先将发送 FIFO 中的数据发送出去后,再进行数据的接收,发送数据过程中不接收数据。必须先将发送数据填入 FIFO 中后,再片选使能相应的从设备,如图 6-15 所示。

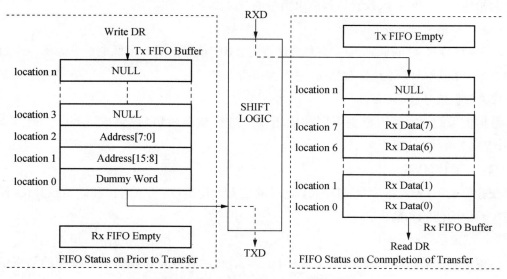

图 6-15　EEPROM Read Transfer 模式示意图

注意：EEPROM Read Transfer 模式下，命令长度至少为两拍，即发送命令至少需要写 FIFO 两次。

6.3.3　UART

1）概述

通用异步收发器（Universal Asynchronous Receiver Transmitter，UART）是一个异步串行的通信接口，其主要功能是和外部芯片的 UART 进行对接，将来自外部设备的数据进行串并转换之后传入内部总线，以及将内部数据进行并串转换之后输出到外部设备，从而实现两芯片间的通信。Hobbit 提供 1 个 UART 单元，默认 RXD 和 TXD 上下拉使能关闭，当不使用 UART 功能时，建议在软件配置中打开上下拉使能寄存器，并在板级端口上将 RXD 固定为高电平或者低电平。

2）功能描述

UART 的一次帧传输主要包括起始信号、数据信号、校验位和结束信号。数据帧从某一 UART 的 TXD 端输出，从另一个 UART 的 RXD 端输入，如图 6-16 所示。

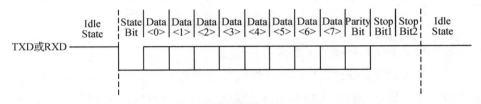

图 6-16　UART 帧格式

起始信号、数据信号、校验位和结束信号的含义如下：

（1）起始信号（Start Bit）

一个数据帧开始的标志。UART 协议规定 TXD 信号出现一个低电平就表示一个数据帧的开始。在 UART 不传输数据时，应该保持高电平。

（2）数据信号（Data Bit）

数据信号的位宽可以根据不同的应用要求进行调整，可以设置成 5 bit、6 bit、7 bit、8 bit。

（3）校验位（Parity Bit）

校验位是 1 bit 纠错信号。UART 的校验位有奇校验位、偶校验位和固定校验位，同时支持校验位的使能和禁止。

（4）结束信号（Stop Bit）

结束信号即数据帧的停止位，支持 1 bit 和 2 bit 两种停止位配置。数据帧的结束信号就是把 TXD 拉成高电平。

6.3.4　GPIO

1) 概述

Hobbit 支持 2 组共 32 个 GPIO(GPIO0~GPIO31),每个 GPIO 接口可单独设为输入/输出模式,在输入模式下支持中断输入。部分 GPIO 和功能管脚可复用。该模块可用来改变芯片管脚的用途,将其从默认的功能状态(与某内部模块相对应)切换到完全由软件通过配置 GPIO 寄存器来实时控制的状态。

2) 功能描述

GPIO 模块支持以下功能:

(1) 每个 GPIO 管脚可以设置为输入或输出,可以作为外部中断源输入。

(2) 当设置为输出模式时,每个 GPIO 管脚可以独立置位或清零。

(3) 在中断模式下,支持上升沿、下降沿、双沿、高电平、低电平这 5 种触发中断方式。

(4) 去抖功能,去抖采样时间可配。

6.3.5　PWM

1) 概述

PWM 模块产生周期性脉冲波形,其中周期频率及占空比均可通过寄存器配置。Hobbit 提供 1 个独立的 PWM 模块。

2) 功能描述

PWM 模块支持以下功能:

(1) 周期频率可设,最大支持 50 M。

(2) 占空比可设。

PWM 输出时序如图 6 - 17 所示,其中 period 以及高、低电平的 phase 长度均可配置。

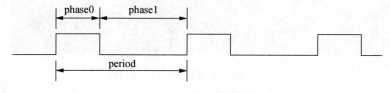

图 6 - 17　PWM 输出时序图

第7章

YMC2HR1A 开发板与 CDK 开发环境

7.1 YMC2HR1A 开发板简介

YMC2HR1A 开发板提供了 Hobbit 芯片,集成了两个 YOC 接口,可以适配 YOC 标准子板;集成了 CKLINK-LITE 模块电路,只需连接 USB 线便可连接调试;具有 4 个按键和 4 个拨码开关;为方便用户使用,已集成 CKLink 在线仿真器,并且支持 USB 口供电;开发板上已经引出 UART、SPI、I2C、GPIO 等硬件接口。YMC2HR1A 开发板实物图如图 7-1 所示。

图 7-1 YMC2HR1A 开发板实物图

7.1.1 YOC 接口

YMC2HR1A 开发板的右侧是两个 YOC 插座 J19 和 J5,适配 YOC 标准子板,1 脚靠近板边缘。YMC2HR1A 开发板引脚复用图如图 7-2 所示。

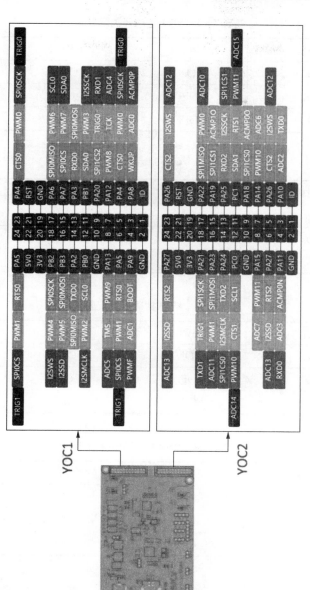

图 7 - 2　YMC2HR1A 开发板引脚复用图

7.1.2　拨码开关

　　YMC2HR1A 开发板设计有四个 3 位的拨码开关,每个拨码开关连接至 YOC 接口的两个信号源和按键,默认连接按键。拨码开关配置见表 7 - 1～表 7 - 4。

表 7-1　SW1 拨码开关配置表

PA4 连接的引脚	SW1.1	SW1.2	SW1.3
YOC1_CTS	ON	OFF	OFF
YOC1_GPIO1	OFF	ON	OFF
按键 S6(默认)	OFF	OFF	ON

表 7-2　SW2 拨码开关配置表

PA5 连接的引脚	SW2.1	SW2.2	SW2.3
YOC1_RTS	ON	OFF	OFF
YOC1_GPIO2	OFF	ON	OFF
按键 S5(默认)	OFF	OFF	ON

表 7-3　SW3 拨码开关配置表

PA27 连接的引脚	SW3.1	SW3.2	SW3.3
YOC2_RTS	ON	OFF	OFF
YOC2_GPIO2	OFF	ON	OFF
按键 S8(默认)	OFF	OFF	ON

表 7-4　SW4 拨码开关配置表

PA26 连接的引脚	SW4.1	SW4.2	SW4.3
YOC2_CTS	ON	OFF	OFF
YOC2_GPIO1	OFF	ON	OFF
按键 S7(默认)	OFF	OFF	ON

7.2　CDK 开发工具

7.2.1　概述

　　CDK 是基于 wxWidgets 图形库构建的跨平台集成开发环境,内置了工程管理单元,集成了玄铁的二进制开发工具,向用户提供了图形化的嵌入式开发环境,降低了嵌入式开发的学习曲线。CDK 系统组成如图 7-3 所示。

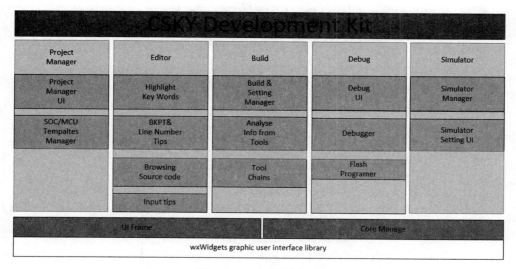

图 7-3 CDK 系统组成

CDK 具有如下特性,简化了嵌入式开发的流程:

(1) 源代码编辑器:支持 C/C++、汇编等嵌入式开发常见的语言,并高亮显示关键字;内置的代码补全功能,可以在编程的过程中对源代码执行联想、自动补全等友好功能。

(2) 工程管理:用于创建、管理基于 CSKY-CPU 的嵌入式程序;集成了 make 工具,可以实现对工程的一键构建。

(3) 调试器:CDK 内置了调试器,为用户的图形化调试提供支持。

(4) 模拟器配置:为用户提供图形化的模拟器配置方式。

CDK 的嵌入式软件开发流程与其他嵌入式软件开发工具的流程相似,包括:

(1) 创建工程,选择相应的 CPU 或者 SOC。

(2) 在创建的工程中增加、修改、删除源代码文件,这些文件可以是 C/C++文件,也可以是 s/S 汇编文件。

(3) 编译链接源代码,构建工程。

(4) 修改构建中的错误,直到成功链接。

(5) 调试成功构建的程序。

上述开发流程中,可能会使用 CDK 的如下部分:

(1) CDK IDE 集成开发环境:工程管理单元能够实现对工程的有效管理,集成了 make 管理工具可以高效的构建工程;内置的源代码级编写器可以实现高亮显示语法、自动联想、快速查找与替换源代码,提升了开发效率。

(2) CSKY-CPU 工具链:包含 CSKY 的编译器、汇编器、链接器以及其他二进制工具。编译器用来将编写的 C/C++文件编译为. elf 格式的目标文件;汇编器用来将编写的 s/S

文件汇编为. elf 格式的目标文件；链接器用于将编译、汇编得到的. elf 格式的目标文件以及必要的库文件链接为可以在目标板上运行的. elf 格式的可执行文件；其他二进制工具用来对编译、汇编、链接得到的二进制文件进行相关操作。

（3）CDK Debugger：CDK 提供了源代码级的调试器，用户可以使用 CDK 进行源代码级别的调试，可以控制程序的运行，能够查看程序停止时的变量、调用栈等基本信息。CDK Debugger 提供了如下调试方式：

① 使用模拟器进行系统级调试。模拟器实现了对 CSKY-CPU 的指令级模拟，并实现了部分外设的模拟；

② 使用在线仿真器（ICE）。ICE 作为连接 PC 与硬件目标板的调试通道，用户通过 ICE 实现对硬件目标板的调试。

可以使用 CDK 直接开启工作空间（. cdkws 文件）和工程文件（. cdkproj 文件），进行嵌入式开发。

（1）打开. cdkws 文件

CDK 工作空间的默认文件后缀名为. cdkws，用户在安装 CDK 之后，直接双击系统中的. cdkws 文件，即可启动 CDK 并自动的导入相应的工作空间。推荐使用这种方式进行嵌入式的工程的打开。此外，CDK 也会默认记忆上次关闭时的状态，下次启动之后，CDK 会自动的恢复到上次关闭的工作空间中的编辑状态。

（2）打开. cdkproj 文件

CDK 工程的默认配置文件后缀名为. cdkproj，用户在安装 CDK 之后，直接双击系统中的. cdkproj 文件，即可启动 CDK 并打开相应的 CDK 工程。使用这种方式打开的 CDK 工程是在默认工作空间中，该工作空间目录保存在用户配置目录中，是一个临时创建的工作空间。不建议使用这种方式打开工程，因为这样可能导致 CDK 无法记录上次关闭时的状态，对工程开发造成不便。

7.2.2　CDK IDE 图形界面

打开 CDK 软件，欢迎界面布局如图 7 - 4 所示。

图 7-4　CDK 欢迎界面布局

打开工程文件,默认情况下 CDK 的编辑界面布局如图 7-5 所示。

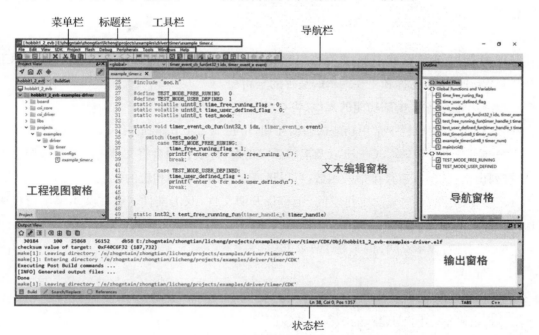

图 7-5　CDK 编辑界面布局

点击调试按钮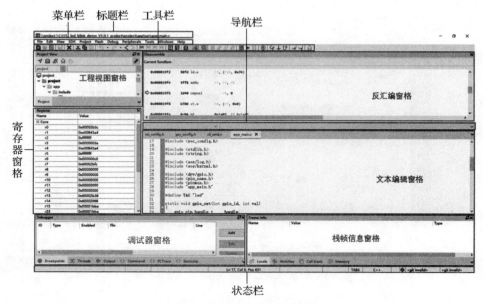,CDK 的调试界面布局如图 7-6 所示。

图 7-6　CDK 调试界面布局

从以上三个不同的界面布局可以看出,CDK 在不同的界面布局中具有相同点和不同点。

1) 相同点

(1) 标题栏:在默认状态下,没有任何内容时显示"CDK"字样;在开发状态下,会显示工作空间(Workspace)名称和正在编辑的文件的全路径。

(2) 菜单栏:CDK 全部功能的入口,将在 7.2.3 节详细介绍。

(3) 工具栏:菜单栏中常用功能的快捷按钮,将在 7.2.4 节详细介绍。

(4) 导航栏:在编辑 C/C++以及汇编源文件时,导航栏中会将文件中的函数按照字母顺序排列出来;选择下拉菜单中的函数,可以迅速定位到文本中相应的位置。

(5) 工程视图窗格:显示工作空间、工程以及源文件,双击文件名会在文本编辑窗格中打开,将在 7.2.5 节详细介绍。

(6) 状态栏:显示 CDK 的某些工作状态。

2) 不同点

(1) 欢迎界面

① 欢迎窗格:用于创建新的工程和链接芯片开发社区。

② 导航栏:在编辑 C/C++以及汇编源文件时,导航栏会按照文本中定义的顺序将文件的头文件、数据类型定义、函数定义等基本单元罗列出来,点击后可以快速定位到文本文件中相应的位置。

③ 输出窗格：包含多个选项卡，用于构建工程时的输出以及全局查找、替换结果的输出。

（2）编辑界面

① 导航栏：在编辑 C/C++以及汇编源文件时，导航栏会按照文本中定义的顺序将文件的头文件、类型定义数据、函数定义等基本单元罗列出来，点击后可以快速定位到文本文件中相应的位置。

② 输出窗格：包含多个选项卡，用于构建工程时的输出，全局查找、替换结果的输出。

③ 文本编辑窗格：用于代码的编辑。

（3）调试界面

① 反汇编窗格：显示被调试目标中 PC 附近的反汇编内容。

② 寄存器窗格：显示被调试目标 CPU 的寄存器内容。

③ 调试器窗格：包含调试相关的选项卡，如 Breakpoints 选项卡、Threads 选项卡、PCTrace 选项卡等。

④ 栈帧信息窗格：包含 Locals 选项卡、Watches 选项卡、Call Stack 选项卡、Memory 选项卡。

⑤ 文本编辑窗口：用于代码的编辑。

7.2.3　菜单栏

菜单栏包含了 CDK 的全部功能入口，按照功能可划分为以下菜单：

（1）File 菜单：用于对文件、程序本身进行基本操作，其选项功能如表 7-5 所示。

表 7-5　File 菜单选项的功能说明

选项内容	功能说明
New	新建子菜单，包含新建工作空间、新建工程、新建文本文件子选项
Open	打开子菜单，用于打开文件、工作空间等
Reload File	重新加载文本编辑窗格中的文件
Load a Group of Tabs	在文本编辑窗格中加载一组文件，配合 Save Tabs as Group 选项使用
Save File	保存文本编辑窗格中的文件
Save As…	将文本编辑窗格中的文件另存为
Save All Files	保存全部文件
Save Tabs as Group	将文本编辑窗格中打开的所有文件成组保存，供 Load a Group of Tabs 选项使用
Template Management	模板管理，用于模板工程删除

子选项内容	功能说明
Page Setup	设定文本打印格式
Print	打印文本编辑窗格中的文件
Close	关闭文本编辑窗格中的文件
Close All	关闭文编编辑窗格中的全部文件
Close All Projects	关闭整个工作空间
Recent Files	在文本编辑窗格中打开最近打开过的文件
Recent Multi-Project Workspaces	打开 CDK 近期打开过的工作空间

（2）Edit 菜单：用于执行文本编辑相关操作、用户 CDK 的基本配置，其选项功能如表 7 - 6 所示。

表 7 - 6　Edit 菜单选项的功能说明

选项内容	功能说明
Undo	撤销文本编辑窗格中的最近一次操作
Redo	恢复文本编辑窗格中最近被撤销的一次操作
Set Label from Current State	为文本编辑器窗格中正在编辑的文件的状态设置一个标记，供 Undo/Redo to a Previously Labelled State 选项使用
Undo/Redo to a Previously Labelled State	将某个 Set Label from Current State 的文本恢复到设置标记时的状态
Cut	剪切文本编辑器窗格中的选中文本
Copy	拷贝文本编辑器窗格中的选中文本
Paste	粘贴文本到文本编辑窗格中
Select All	选中文本编辑窗格中正在编辑的文件的全部文本
Split Selection into Lines	将选中的文本视为一列，即点击此选项之后，可以对所选中文本每一行的最后一列进行统一操作
Line	文本行操作子菜单，用于对文本编辑窗格中的文本行进行操作
Comment	注释子菜单，用于对文本编辑窗格中的源代码进行注释操作
Text Conversion	文本转换子菜单，用于对文本编辑窗格中的字符进行相关的转换操作
Trim Trailing Spaces	将文本编辑窗格中文本的行尾空格删除
Match Brace	匹配括号，若光标在语句的括号处，点击此选项，则光标会跳转到与之对应的括号处
Select to Brace	选中匹配括号中的全部文本，若光标在语法的括号处，点击此选项，则括号内的全部文本被选中

续表 7-6

子选项内容	功能说明
Complete Word	在正在编辑的文本中启动代码联想功能
Display Function Call Tip	显示函数的调用说明
Find and Replace	文本编辑窗格中的文件内替换查找
Find in Files	全局替换查找
Go To	位置跳转,跳转到之前、之后跳转过的光标位置
Toggle Bookmark	向文本编辑窗格中的文本添加、删除书签
Next Bookmark	跳转到下一个书签位置
Previous Bookmark	跳转到上一个书签位置
Remove All Bookmarks	删除全部书签
Grep Selection in the Current File	在文本编辑窗格中的单个文件内查找选中的字符串
Grep Selection in the Workspace	在整个工作空间内搜索文本编辑窗格中选中的字符串
Find Resource	在整个工作空间内进行全局资源查找
Quick Outline	为当前文本弹出快速导航栏所示的文本内容
Find Symbol	查找文本编辑窗格中光标所在处字符串的符号定义
Configuration	属性配置子菜单,CDK 属性配置入口

下面重点介绍一下 Edit 菜单下的三个子菜单。

① 文本行操作子菜单:在菜单栏点击 Edit→Line,可打开文本行操作子菜单,进行文本编辑中的常用行操作,其选项功能如表 7-7 所示。

表 7-7　文本行操作子菜单选项的功能说明

选项内容	功能说明
Delete Line	删除光标所在的行
Duplicate Selection / Line	复制选中的字符串或者整行
Delete to Line End	从光标到行尾全部删除
Delete to Line Start	从光标到行首全部删除
Copy Line	整行拷贝
Cut Line	整行剪切
Transport Lines	将光标所在的行与上一行的内容进行互换
Move Line Up	将光标所在的行上移一行
Move Line Down	将光标所在的行下移一行
Center Line in Editor	将光标所在的行在文本编辑窗格的中间显示

② 文本转换子菜单：在菜单栏点击 Edit→Text Conversion，可打开文本转换子菜单，进行文本编辑中的常用文本转换操作，其选项功能如表 7-8 所示。

表 7-8 文本转换子菜单选项的功能说明

选项内容	功能说明
Make Uppercase	将光标所在位置的字符或者选中的字符串转换成大写的
Make Lowercase	将光标所在位置的字符或者选中的字符串转换成小写的
Convert to Windows Format	将文本转换成 Windows 格式的换行符（CRLF）
Convert to Unix Format	将文本转换成 Unix 格式的换行符（LF）
Convert Indentation to Tabs	将文本中的缩进转化成 Tab 键
Convert Indentation to Spaces	将文本中的缩进转化成空格键

③ 属性配置子菜单：在菜单栏点击 Edit→Configuration 可打开属性配置子菜单，对 CDK 进行个人设置，其选项功能如表 7-9 所示。

表 7-9 属性配置子菜单选项的功能说明

选项内容	功能说明
Preferences	基本属性配置，包含编辑器配置、工具条配置等
Colors and Fonts	风格配置，用于配置 CDK 的编辑风格
Keyboard shortcuts	快捷键设置
Build Settings	构建设置
Code Completion	代码编辑设置，用于配置代码编写中使用的内容

（3）View 菜单：用于进行视图相关的设置，其选项的功能如表 7-10 所示。

表 7-10 View 菜单选项的功能说明

选项内容	功能说明
Show Status Bar	设置是否显示状态栏
Show Tool Bar	设置是否显示工具栏
Toggle Current Fold	将文本编辑窗格中光标所在处的代码块合并或展开
Toggle All Folds	将文本编辑窗格中的全部代码块合并或展开
Toggle All Topmost Fold Selection	将文本编辑窗格中选中文本的代码块中的顶层代码块合并或展开
Toggle Every Fold in Selection	将文本编辑窗格中选中全部代码块合并或展开
Display EOL	显示文本编辑窗格中的全部编辑文件尾行的结束符
Show Whitespace	设置文本编辑窗格中空格的显示方式
Full Screen	设置 CDK 工作在全屏模式或非全屏模式

选项内容	功能说明
Show Welcome Page	在文本编辑窗格中显示 CDK 欢迎界面
Load Welcome Page at Startup	设置 CDK 启动时是否自动显示欢迎界面
Output Pane	设置是否显示输出窗格
Project Pane	设置是否显示工程视图窗格
Navigation Bar	设置是否显示导航栏
Debugger Pane	设置是否显示调试器窗格
Frame Pane	设置是否显示栈帧信息窗格
Toolbars	设置是否显示工具栏中的某些分组,该选项需要首先在属性配置中将 Tool Bar 的显示方式设置为非 Native Bar 的格式才可以使用
Toggle All Panes	设置显示或隐藏全部窗格

（4）SDK 菜单:包含了 SDK 组件的全部入口,其选项功能如表 7 - 11 所示。

表 7 - 11　SDK 菜单选项的功能说明

选项内容	功能说明
Component Configuration…	组件包制作
Component Runtime Management	组件包运行时管理
SDK Management	SDK 管理
SDK Generator	SDK 组件包制作

（5）Project 菜单:用于进行工作空间、工程管理相关的配置,其子选项功能如表 7 - 12 所示。

表 7 - 12　Project 菜单选项的功能说明

选项内容	功能说明
New Multi-Project Workspace	创建工作空间
Open Multi-Project Workspace	打开已有工作空间
Close All Projects	关闭全部工程以及工作空间
Reload All Projects	重新加载全部工程
New Project	创建模板工程
New SOC Project	创建 SOC 工程
Add an Existing Project	添加已有工程到工作空间
Open Active Project Options	打开工作空间中活动工程的工程配置
Build Active Project	构建工作空间中的活动工程

子选项内容	功能说明
Clean Active Project	清除工作空间中活动工程的中间文件
Rebuild Active Project	重新构建工作空间中的活动工程
Build All	构建工作空间中的全部工程
Clean All	清除工作空间中全部工程的中间文件
Rebuild All	重新构建工作空间中的全部工程
Batch Build	构建多个工程
Stop Build	停止 CDK 正在构建的过程
Parse All Projects	对全部工程进行词法分析,为文本编辑窗口中的代码编辑提供支持
Parse All Projects Incremental	对没有分析完毕的工程进行词法分析

(6) Flash 菜单:用于 Flash 编程的基本操作,其选项功能如表 7 - 13 所示。

表 7 - 13　Flash 菜单选项的功能说明

选项内容	功能说明
Download	将工作空间中活动工程的程序下载到目标程序中
Erase	擦除调试目标中的程序内容
Configure Flash Tools	配置 Flash 工具选项
Algorithm Management	Flash 算法管理选项

(7) Debug 菜单:包含了调试的基本命令及断点,其选项功能如表 7 - 14 所示。

表 7 - 14　Debug 菜单选项的功能说明

选项内容	功能说明
Start/Stop Debugger	启动、停止调试
Reset CPU	复位调试目标的 CPU,复位方式在调试配置中设置
Continue Debugger	全速运行程序
Stop	停止正在运行的调试目标
Step Into	C 语言级单步调试
Step Over	C 语言级下一行调试
Step Out	C 语言级跳出当前函数调试
Next Instruction	汇编级下一行调试
Step Instruction	汇编级单步调试
Show Cursor	显示当前 Call Stack 选项卡指定的栈帧的 PC 的位置(反汇编窗格、文本编辑窗格)

选项内容	功能说明
Toggle Breakpoint	在文本编辑窗口总的光标所在的行添加、删除断点
Disable All Breakpoints	将全部断点设置为 Disable 状态
Enable All Breakpoints	将全部断点设置为 Enable 状态
Delete All Breakpoints	删除全部断点

（8）Tools 菜单：包含 CDK 内置的工具，方便用户的开发，其选项功能如表 7 - 15 所示。

表 7 - 15　Tools 菜单选项的功能说明

选项内容	功能说明
Tools Overview	工具介绍
Abbreviation	模板代码插入工具
Diff Tool	代码比较工具
Simulator Management	模拟器配置
Source Code Formatter	代码风格整理工具

（9）Windows 菜单：包含了 CDK 布局操作选项。其中，Reset View to Default 选项用于强制将 CDK 的编辑状态布局和调试状态布局的方式恢复为初始状态。

（10）Help 菜单：用于帮助用户详细了解 CDK，其选项功能如表 7 - 16 所示。

表 7 - 16　Help 菜单选项的功能说明

选项内容	功能说明
CDK Help	帮助文档
About	版本信息说明
Update from Package	从用户自己的硬盘中选择更新程序进行 CDK 软件的更新
Check for Updates…	通过网络检查 CDK 是否有更新程序
Log Builder	开启或关闭非调试相关日志功能
Log Debugger	开启或关闭调试相关日志功能
Open Log Containing Folder	打开 CDK 日志文件所在目录

7.2.4　工具栏

1）文件操作类按钮

：新建文件，点击之后文本编辑窗格中会弹出一个未命名、未保存的文件。

：打开文件，点击之后会弹出文件选择对话框。

: 重载文件，将文本编辑窗格中正在编辑的文件重载。

: 保存文件，将文本编辑窗格中正在编辑的文件保存。

: 关闭文件，将文本编辑窗格中开启的文件关闭。

: 剪切，将文本编辑窗格中选中的文本剪切到粘贴板。

: 复制，将文本编辑窗格中选中的文本复制到粘贴板。

: 粘贴，将粘贴板的内容复制到文本编辑窗格中光标的位置。

2）工程开发类按钮

: 恢复之前的操作，将正在编辑的文本恢复到前一个编辑状态。

: 重做之前的操作，将正在编辑的文本恢复到之前的操作。

: 跳转至前一位置，将光标位置设置为前一个跳转的位置。

: 跳转至后一位置，将光标位置设置为后一个跳转的位置。

: 设置、删除光标所在行的书签。

: 跳转至下一个书签，将光标位置设置为下一个书签的位置。

: 跳转至上一个书签，将光标位置设置为上一个书签的位置。

: 删除全部书签。

: 文件内查找替换，在正在编辑的文件中查找、替换字符。

: 全局查找替换，在整个工作空间中查找、替换字符。

: 查找全局资源，在整个工作空间中查找特定的文件、符号。

: 高亮显示选中项，高亮显示当前文本中与选中字符相同的字符。

: 工程构建，对工作空间中活动工程进行构建。

: 停止构建，停止正在进行的构建操作。

: 清空工程，清空工作空间中活动工程的构建内容。

: Flash 下载，点击之后，会根据用户的 Flash 配置进行 Flash 下载操作。

3）工程调试类按钮

: 启动、停止调试，启动调试，CDK 进入调试状态；停止调试，CDK 切换到编辑状态。

: 设置断点。

: 启用所有断点。

: 禁用所有断点。

: 删除所有断点。

7.2.5　工程视图窗格

在编辑和调试界面中都存在工程视图窗格，其中显示了创建的工作空间、工程以及源文件。

工程视图窗格中包含工具栏和视图栏两部分,如图 7 - 7 所示。其中,工具栏中包含以下内容:

图 7 - 7 工程视图窗格

:CollapseAll 按钮,将工程视图列表中已经展开的工程列表全部合并回去,不会将选中节点所在的路径合并。

:GoToActiveProject 按钮,将工程视图列表中的焦点恢复到活动工程中去。

:开启工作空间中活动工程的工程配置对话框。

:文本编辑窗格关联按钮,按下该按钮之后,当文本编辑窗格中的当前文件切换时,工程视图列表会将焦点集中在当前正在编辑的文件。

my_soc_ck803 ▾ :活动工程下拉菜单,用来选择工程视图窗格中的活动工程,双击某个工程同样也可以选择该工程为活动工程。CDK 中,很多选项都是针对活动工程的,例如启动调试时,CDK 默认调试活动工程。

BuildSet ▾ :活动工程的 Build Type 下拉菜单。

视图栏中包含工作空间和工程的图形化显示,用户可以展开工程目录结构,查看源代码文件,也可以对工程的源代码文件进行编辑、添加、删除等操作。

1) 工程文件编辑

接下来介绍怎样对工程视图窗格中的工程执行创建、添加、删除相关源文件或虚拟目录等操作。

(1) 工程的右键快捷菜单

以鼠标右键点击工程视图窗格中的工程,弹出如图 7 - 8 所示的菜单,其中包含以下选项:

① Options for "xxx":工程配置入口。

② Build Order… :在工程构建中选择该工程的依赖工程。

③ Build/Rebuild/Clean:工程构建的选项。

④ Set As Active:设置工程为活动工程。

⑤ Export Makefile:生成该工程的 makefile 文件,但不进行工程的构建。

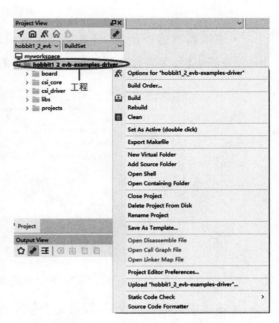

图 7 - 8 工程的右键快捷菜单

131

⑥ New Virtual Folder：创建新的虚拟目录，并不会在工程目录下创建真正的目录。

⑦ Add Source Folder：批量添加工程源文件。

⑧ Close Project：关闭工程，将工程从工作空间中移除，并不在磁盘上删除工程。

⑨ Rename Project：重命名工程。

⑩ Save As Template…：将工程保存为模板工程。

⑪ Project Editor Preferences…：工程相关的编辑器属性配置，默认使用全局配置。

CDK 本身可进行编辑器属性配置，是一个全局属性的配置方式，而这里的 Project Editor Preferences 选项是用来为当前工程配置属性，覆盖全局的属性。具体包括以下设置：

• 编辑器首行缩进设置：可设置缩进方式为空格键以及 Tab 键占文本列的长度，如图 7 - 9 所示。

图 7 - 9　编辑器首行缩进设置窗口

• 编辑器侧边栏设置：设置是否显示编辑器的 4 个侧边栏，包括断点/书签侧边栏、展开/合并侧边栏、文本修改显示侧边栏、行号侧边栏，如图 7 - 10 所示。

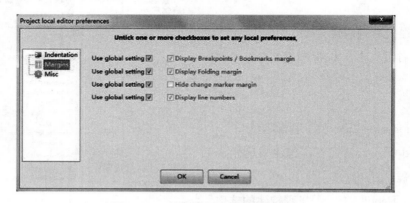

图 7 - 10　编辑器侧边栏设置对话框

• 编辑器其他属性设置：设置是否显示缩进、是否高亮显示光标所在行、保存文件是否自动删除空白行、是否自动在行尾增加行尾符、空格的显示方式、行尾符的显示方式、文本编码方式,如图 7‐11 所示。

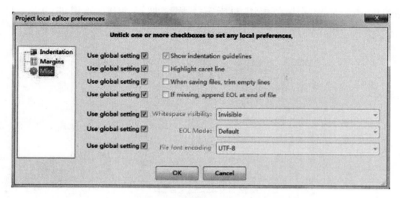

图 7‐11　编辑器其他属性设置对话框

⑫ Source Code Formatter:代码整理工具。

(2) 虚拟目录的右键快捷菜单

以鼠标右键点击工程文件中的虚拟目录,弹出如图 7‐12 所示的菜单,其中包含以下选项:

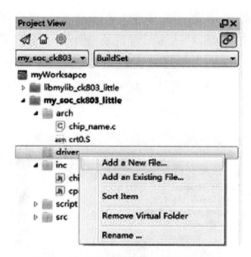

图 7‐12　虚拟目录的右键快捷菜单

① Add a New File…:新增源文件。

② Add an Existing File…:新增已知文件,点击之后弹出文件选择对话框,建议将增加的文件置于本工程的目录下。

③ Add Source Folder…:新增已知的资源文件夹,点击之后弹出文件选择对话框。

④ New Virtual Folder:新增虚拟目录。

⑤ Remove Virtual Folder:删除虚拟目录,并不删除对应的文件。

⑥ Sort Item:将目录下的文件按照字母顺序排序。

⑦ Rename…：重命名虚拟目录。

其中，选择 Add a New File…可以为指定工程增加源文件，弹出如图 7 – 13 所示的对话框，包含以下内容：

图 7 – 13　增加源文件对话框

• File Type：用于选择新增文件的文件类型。

• Name：新增文件的名称，如果已经选择了文件类型，这里可以不用输入后缀名。

• Location：新增文件的位置，默认为工程目录，建议不要修改此项。

（3）文件的右键快捷菜单

以鼠标右键点击虚拟目录下的文件，会弹出如图 7 – 14 所示的菜单，其中包含以下选项：

图 7 – 14　文件的右键快捷菜单

① Open in CDK：在文本编辑窗格中打开文件，与双击该文件的功能一致。

② Open with Default Application：使用系统默认程序启动该文件。

③ Open Shell：以该文件所在的目录为根目录启动命令行，弹出命令行的窗口的环境变量中包含了工具链所在路径（目录）。

④ Open Containing Folder：在系统中打开指定文件所在的目录。

⑤ Compile：编译指定的文件。

⑥ Preprocess：预处理指定的文件。

⑦ Exclude from Build：选择是否在构建工程中忽略该文件，如果勾选此项，则在构建工程时不编译该文件。

⑧ Rename…：重命名该文件。

⑨ Remove：从工程中移除该文件，移除完毕会弹出确认对话框，询问是否从磁盘上将该文件删除。

2）工程 Build Type

下面介绍工程 Build Type 的概念以及通常的使用方式。Build Type 用于保存工程构建与工程调试的配置信息。一个工程至少包含一个 Build Type，也可以包含多个 Build Type，但有且仅有一个活动的 Build Type。在工程视图窗格中工具栏的 Build Type 下拉菜单会列出活动工程对应的全部 Build Type。

用户通过 Build Type 下拉菜单 `BuildSet ▼` 选择该工程的活动 Build Type，在之后的工程构建中，CDK 会默认使用该 Build Type 的配置信息。

如果需要修改、增加、删除 Build Type，需要点击 Build Type 下拉菜单中的 Open Configuration Manager… 选项，弹出工程配置对话框，如图 7 - 15 所示。

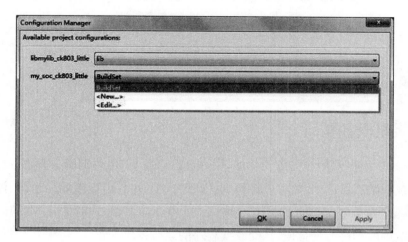

图 7 - 15　工程配置对话框

该对话框列出了工作空间中的全部工程，工程名后的 Build Type 下拉菜单中显示每个工程的全部 Build Type，并且被选中的 Build Type 为相应工程的活动 Build Type。

在 Build Type 下拉菜单中选择＜New…＞选项，弹出如图 7-16 所示的对话框，可以为指定的工程添加新的 Build Type，包含以下内容：

图 7-16　添加新 **Build Type** 对话框

① Configuration Name：用于填写合法的 Build Type 名称，必须是以大小写字母、下划线、数字开头，包含大小写字母、数字、下划线等合法字符的字符串，不能包含空格、中文等特殊字符。

② Copy Settings from：创建的新 Build Type 必须是从已有的 Build Type 中拷贝而来，这里选择当前工程中的已有的 Build Type。

如果需要对某个工程的 Build Type 进行修改，则需要选择 Build Type 下拉菜单中的＜Edit＞选项，弹出修改对话框，如图 7-17 所示。在 Build Type 列表中选择需要修改的 Build Type，可以重命名该 Build Type，也可以直接删除该 Build Type。

图 7-17　修改对话框

7.2.6　调试配置

调试是 CDK 提供给用户的重要功能，用户可以通过 CDK 将编辑、构建完成的嵌入式可执行程序下载到调试目标中，然后进行调试。在调试中，用户可以随意的运行、停止程序，并且可以查看程序在某一位置时的状态，包括 CPU 寄存器的值、内存的值等；同时，用户也可以修改某一时刻的程序的变量值，从而改变程序的运行逻辑。

CDK 提供了以下三种不同的调试方式，用于调试工作空间中的活动工程：

（1）使用模拟器调试

模拟器调试一般用于硬件设计验证之前的软件评估。

使用模拟器调试时，CDK 会自动创建模拟器进程，然后通过 Socket 通信实现 CDK 进程和模拟器进程的通信，将程序全部下载到模拟器中，从而实现调试，如图 7-18 所示。调试结束之后，CDK 会自动结束该模拟器进程。整个调试过程中，模拟器进程对用户时透明的。

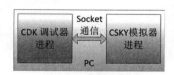

图 7-18　模拟器调试

（2）使用 ICE 调试

使用 ICE 进行调试时，需要将 CSKY-ICE 硬件连接到 CDK 所在的 PC（个人计算机）上，然后直接启动调试即可。此时 CDK 直接通过 USB 接口与 ICE 连接，实现对硬件调试目标的调试功能，如图 7-19 所示。

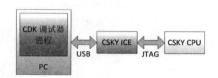

图 7-19　ICE 调试

· 使用 Remote ICE 调试

使用 Remote ICE 进行调试时，需要用户在 PC 上启动 CSkyDebugServer 进程，然后使用 CDK 通过 Socket 通信与该 CSkyDebugServer 连接，CSkyDebugServer 与 CSKY-ICE 通过 USB 接口连接，实现对硬件调试目标的调试，如图 7-20 所示。

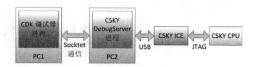

图 7-20　Remote ICE 调试

在图 7-20 中，PC1 和 PC2 可以是同一台计算机，也可以是同一网段内的不同计算机，一般情况下，对于同一计算机的硬件调试来说，使用 ICE 方式即可，而在使用一台计算机调试同一网段的另外一台计算机上的硬件调试目标的情况下，可以使用这种调试方式。

注意：如果使用 ICE 调试，不能打开 CSkyDebugServer 的，否则 CDK 会出现不能连接 ICE 的错误。

1）参数配置

在调试开始之前需要配置相关的调试参数。打开工程配置窗口，如图 7-21 所示，其中

Debug 选项卡用于调试参数的配置。

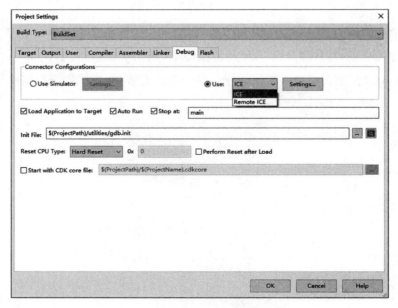

图 7 - 21 工程配置窗口

（1）Use Simulator：使用模拟器调试方式。

（2）Use ICE：使用 ICE 调试方式，点击 Settings 按钮会弹出 ICE 设置对话框。

（3）Use Remote ICE：使用 RemoteICE 调试方式，点击 Settings 按钮会弹出 RemoteICE 设置对话框。

（4）Load Application to Target：设置是否下载程序到调试目标。

（5）Auto Run：设置程序下载完成并启动调试之后，是否自动运行程序。

（6）Stop at：是否在程序运行之后，停止在某个函数位置。

（7）Init File：设置调试启动的调试器初始化脚本。

（8）Reset CPU Type：选择 Debug 菜单和工具栏上的工程调试类按钮中的 Reset 按钮的 Reset 方式。

（9）Perform Reset after Load：当程序完成下载操作以后执行 Reset 操作，Reset 方式为在 Reset CPU Type 选项中指定的方式。

2）模拟器选择

在使用模拟器调试时，可设置模拟器使用的 SoC 配置文件以及模拟器本身的启动参数。在图 7 - 21 中点击 Use Simulator 单选按钮后的 Settings 按钮，弹出如图 7 - 22 所示的模拟器配置对话框。

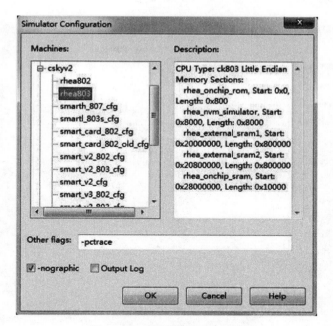

图 7 - 22　模拟器配置对话框

（1）Machines：全部模拟器的 SOC 列表。

（2）Description：每个 SOC 配置的基本描述信息。Machines 列表中的选择发生改变时，这里会刷新对应的 SOC 描述信息。

（3）Other flags：模拟器的其他启动参数。

（4）-nographic：启动模拟器之后，不弹出模拟器的 Console 窗口。

（5）Output Log：启动模拟器之后，保存模拟器的日志文件。

3）ICE 配置

在使用 ICE 调试时，点击图 7 - 21 中 Use ICE 选项后的 Settings 按钮，弹出 ICE 配置对话框，如图 7 - 23 所示。

（1）ICE Adaptor 区域

① ICE Type：设置 CDK 连接的 ICE 类型，有 CKLINK_Pro_V1、CKLINK_Pro_V2、CKLINK_LITE_V2 等型号。

② Firmware Version：设置 ICE 中使用的固件版本号。

③ Bit Version：设置 ICE 中使用的位版本（32/64），该版本只有在高性能 ICE 中才有效。

④ ICE Clock：设置 ICE 的工作频率。一般情况下设置为 12 000，在一些低端 MCU 开发中 CPU 的主频低，因此这里的 ICE 频率不能设置过高，否则会发生无法连接 ICE 的情况。

⑤ mtcr Delay：设置 ICE 在进行调试操作时内部执行某些指令时的延迟时间，一般默认设置为 10，无需改动。

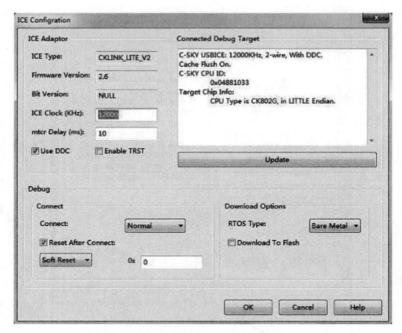

图 7-23 ICE 设置对话框

⑥ Use DDC：设置使用 DDC 的方式下载程序。DDC 是 CSKY-CPU 为用户提供的高速下载通道，勾选此项，可以明显加快程序的下载速度。

⑦ Enable TRST：设置 ICE 与 CPU 相连的 5 线 JTAG 中的 TRST 信号使能。

（2）Connected Debug Target 区域

① 信息输出框：用于显示 ICE 连接的调试目标的 CPU 基本信息。如果连接失败，会显示失败信息；只有在这里的信息显示正确的情况下，才能够正常启动 ICE 调试。

② Update：点击此按钮后将重新连接 ICE，同时将结果更新在信息输出框里。

（3）Debug 区域

① Connect：选择调试中连接 CPU 的方式，其中 Normal 是正常连接 CPU，with Pre-reset 表示在连接之后先对 CPU 进行硬件复位操作，再使 CPU 进入调试模式。

② Reset After Connect：设置是否在连接成功之后对调试目标进行 Reset 操作。这里的 Reset 可以分为两种操作：一种是 Soft Reset（软件复位），即通过 ICE 向 CPU 的某个寄存器写入某个特征值，该特征值在 Reset 下拉菜单后的输入框中填写；另一种是 Hard Reset（硬件复位），即使能 ICE 与 CPU 连接的 5 线 JTAG 中的 NRESET 信号。

（4）Download Options 区域

① RTOS Type：设置调试目标的调试系统，用于多任务调试。目前仅支持 Bare Metal，即没有任何嵌入式操作系统的调试方式。

② Download To Flash：设置是否下载到 Flash 空间，选择此项后，在调试启动中，对于

ROM 空间的程序,会使用 Flash 编程的方式将程序烧录到 ROM 中。

4) Remote ICE 配置

在使用 Remote ICE 调试时,点击图 7-21 中 Use Remote ICE 选项后的 Settings 按钮,弹出 Remote ICE 配置对话框,如图 7-24 所示。

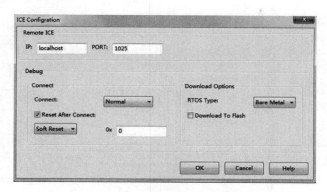

图 7-24　Remote ICE 配置对话框

(1) Remote ICE 区域

① IP:设置 CSkyDebugServer 所在 PC 的 IP 地址,如果是本机,可以填写 localhost。

② PORT:设置 CSkyDebugServer 启动之后的端口号。

(2) Debug 区域

① Connect:选择调试中连接 CPU 的方式,其中 Normal 是正常连接 CPU,with Pre-reset 表示在连接之后先对 CPU 进行硬件复位操作,再使 CPU 进入调试模式。

② Reset After Connect:设置是否在连接成功之后对调试目标进行 Reset 操作。这里的 Reset 可以分为两种操作:一种是 Soft Reset(软件复位),即通过 ICE 向 CPU 的某个寄存器写入某个特征值,该特征值在 Reset 下拉菜单后的输入框中填写;另一种是 Hard Reset (硬件复位),即使能 ICE 与 CPU 连接的 5 线 JTAG 中的 NRESET 信号。

(3) Download Options 区域

① RTOS Type:设置调试目标的调试系统,用于多任务调试。目前仅支持 Bare Metal,即没有任何嵌入式操作系统的调试方式。

② Download To Flash:设置是否下载到 Flash 空间,选择此项后,在调试启动中,对于 ROM 空间的程序,会使用 Flash 编程的方式将程序烧录到 ROM 中。

7.2.7　模拟器配置

模拟器配置用来配置玄铁 CPU 所用模拟器的系统配置文件。如果希望玄铁 CPU 所用的模拟器正确启动,需要制定系统文件,该文件用于描述模拟器的 CPU 型号、RAM/ROM 的范围、外设连接等程序需要使用的信息以及用于描述系统本身的用户可读的文本信息。

要进行模拟器配置,需要在菜单栏依次点击 Tools→Simulator Management,打开如图 7 - 25 所示的 CDK 模拟器管理界面。

整体界面包含了两个部分:左侧为虚拟内核列表;右侧为参数配置界面,包含 CPU 配置选项卡、存储空间配置选项卡、外设配置选项卡以及系统描述配置选项卡。

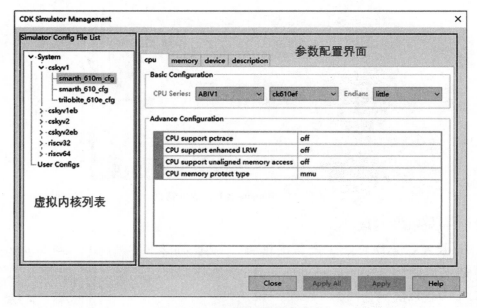

图 7 - 25　CDK 模拟器管理界面

CDK 模拟器管理界面下方有 4 个按钮,分别是:

① Close:关闭模拟器配置页面。

② Apply All:保存全部修改内容。

③ Apply:保存当前模拟器配置修改内容。

④ Help:显示帮助文档。

1)虚拟内核列表(Simulator Config File List)

显示了目前 CDK 中全部模拟器的 SoC 配置文件,分为两个目录:System 和 User Configs。System 是系统内置的,用户不能随意修改其中的全部配置文件;User Configs 是用户配置文件的目录,用户可以在该目录下创建、修改、删除指定的配置文件。对于 User Configs 目录下的文件,用户可以修改其中的内容;对于 System 目录下的文件,用户无法修改其中的内容,只能查看。

在虚拟内核列表中,以鼠标右键点击 User Configs 目录,将弹出如图 7 - 26 所示的菜单,其中包含以下选项:

(1) Add new config…:新增模拟器配置,只有在 User Configs 目录下的 Vendor 节点右击才有效。

（2）Add new Vendor…：新增 Vendor 节点，只有在 User Configs 目录下右击才有效。

（3）Remove config：删除模拟器配置，只有在 User Configs 目录中的模拟器节点右击才有效。

（4）Remove Vendor：删除 Vendor 节点，只有在 User Configs 目录下的 Vendor 节点右击才有效。

（5）Import…：导入现有模拟器配置，只有在 User Configs 目录下的 Vendor 节点右击才有效。

（6）Export…：导出现有模拟器配置，只有在选中具体的模拟器配置节点时右击才有效。

（7）Copy…：复制现有模拟器配置，只有在选中具体的模拟器配置节点时右击才有效。

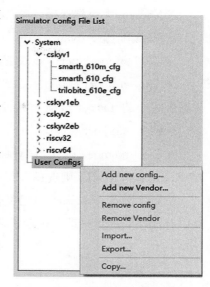

图 7-26　User Configs 目录的
右键快捷菜单

2）参数配置界面

参数配置界面中包含 CPU 配置等多个选项卡，具体介绍如下：

（1）CPU 配置选项卡

CPU 配置选项卡用于配置模拟器所模拟的 CPU 的信息，如图 7-27 所示。

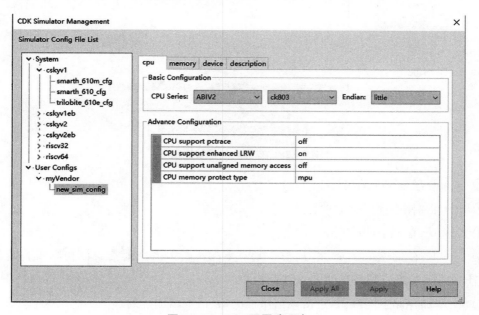

图 7-27　CPU 配置选项卡

① 基本配置（Basic Configuration）区域包括以下配置项：

• CPU Series：CPU 配型，包含 ABIV2 和 ABIV1 两类。

• Endian：大小端选择。

② 高级配置（Advance Configuration）区域包括以下配置项：

• CPU support pctrace：设置 CPU 是否支持 pctrace 功能，选择 0 表示关闭此项功能。

• CPU support enhanced LRW：设置 CPU 是否支持 enhanced lrw 指令，此配置需要与工程配置中的 Target 选项卡中的 Enhanced LRW 配置保持一致。

• CPU support unaligned memory access：设置 CPU 是否支持非对齐内存访问。

• CPU memory protect type：设置 CPU 的内存保护方式，如果 CPU 有 MGU，则选择 MGU；如果有 MMU，则选择 MMU；如果两者都没有，则选择 no。

（2）存储空间（memory）配置选项卡

存储空间配置选项卡包含了存储空间表格和增加/删除按钮，如图 7 - 28 所示。

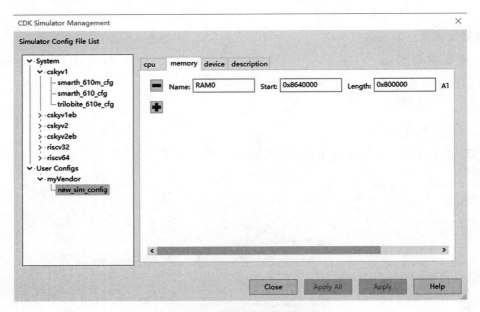

图 7 - 28　存储空间配置选项卡

① Name：存储空间的名称。

② Start：存储空间的起始地址。

③ Length：存储空间的长度。

④ ATTR：存储空间的属性，其中 MEM_RAM 表示该空间是可读可写的内存空间，MEM_ROM 表示该空间是只读的 ROM 空间。

⑤ ：增加存储空间按钮，点击该按钮一次，表格中增加一列。

⑥ ：删除存储空间按钮，选中某一行或某几行，点击此按钮即可删除。

（3）外设（device）配置选项卡

外设配置选项卡用于配置模拟器使用的除了 RAM/ROM 之外的全部外设，如图 7 - 29 所示。

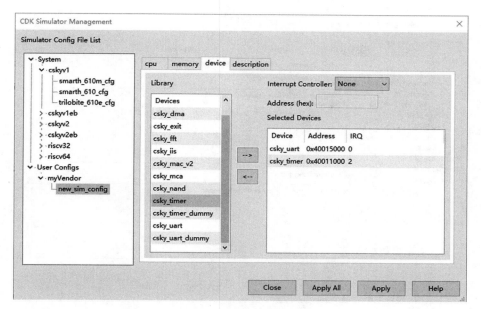

图 7 - 29　外设配置选项卡

每个外设需要配置的内容包括基址和中断向量号。基址是该外设挂载到 CPU 上的地址。向量号包含两个部分，一个是中断控制器的向量号，默认将 0 号向量注册到 CPU 上，无需用户配置；另一个是外设向量号，这是相对于中断控制器的向量号，需要用户配置。

① Library：设备列表，显示 CDK 提供的可用的外设。

② →：设备增加按钮，将左侧设备列表中选中的设备添加到配置文件中。

③ ←：设备删除按钮，将右侧已经添加设备列表中选中的设备删除。

④ Interrupt Controller：用于选择中断控制器，可以选择 None 或者其他控制器，当选择 None 时，表示没有中断控制器。一般来说，模拟器系统配置中，如果选择外设，则都会选择中断控制器。

⑤ Address(hex)：中断控制器的基址，采用 16 进制格式。

⑥ Selected Devices：已选外设列表，显示已经选择的设备，双击设备名可以配置其基址和中断号。

（4）系统描述（description）配置选项卡

系统描述配置选项卡中的配置是一个用户可读的文本配置，其对玄铁 CPU 的启动本身并没有影响，如图 7 - 30 所示。

① Auto Generated Description：CDK 自动生成的描述配置，包含了 CPU 信息和 RAM/ROM 信息，这部分内容用户不可修改。

② Custom Description：用户可配置信息，用户在这部分输入的内容会在调试配置中的模拟器选择部分可见。

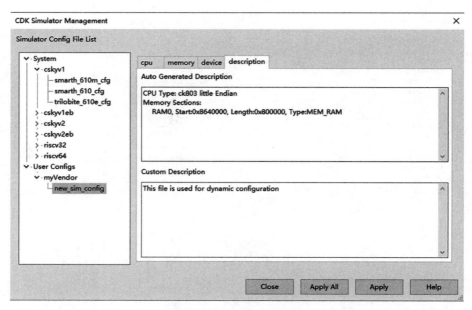

图 7‑30　系统描述配置选项卡

7.3　CDK 实验步骤

前面介绍了 CDK 的开发与调试环境,下面以一个 CDK 实验来结束本章内容。

7.3.1　开发板连接

(1) 将开发板的电源线(白色)和串口线(黑色)进行如图 7‑31 所示的连接,电源线一端接计算机的 USB 接口,另一端接开发板的 CKLINKUSB 接口。串口线一端接计算机的 USB 接口,另一端插入开发板的 G、RXOPA11、TXOPA10 三个排针接口。注意,串口线的黑、绿、白串口通信线依次如图 7‑32 所示连接三个排针接口,红色线不接。刚连接上时开发板上 D9 LED 灯亮,D5 LED 灯闪烁,稳定后开发板上 D9、D5 两个 LED 灯常亮,说明连接正常。

(2) 依次点击"我的电脑"→"管理"→"设备管理器",打开设备管理器,点击"端口(COM 和 LPT)",查看 COM 口,在本次实验中我们看到的是 COM3,如图 7‑33 所示。COM 口的对应情况会随着开发板插入计算机上的 USB 接口不同等情况而改变,所以此步骤在每次调试前都必须进行。

图 7-31　串口线连接方式

图 7-32　开发板连接方式

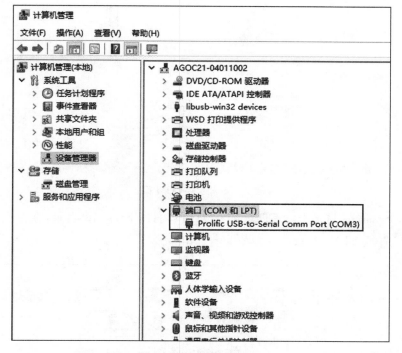

图 7-33　查看 COM 口

7.3.2　SecureCRT 设置

SecureCRT 是一款支持 SSH（SSH1 和 SSH2）的终端仿真程序，简单地说就是 Windows 下登录 UNIX 或 Linux 服务器主机的软件。

SecureCRT 支持 SSH，同时支持 Telnet 和 Rlogin 协议。它是用于连接运行包括 Windows、UNIX 和 VMS 的理想工具，通过使用内含的 VCP 命令行程序可以进行加密文件的传输，有流行 CRTTelnet 客户机的所有特点，包括：自动注册，对不同主机保持不同的特性,具备打印功能、颜色设置、可变屏幕尺寸、用户定义的键位图以及优良的 VT100、VT102、VT220 和 ANSI 竞争,能从命令行或从浏览器中运行。

图 7 – 34　SecureCRT 图标

(1) 双击 SecureCRT 图标(图 7 – 34)进入 SecureCRT,显示如图 7 – 35 所示的界面,如果 Sessions 目录下有匹配的 COM 口,选中之后点击"连接"按钮。

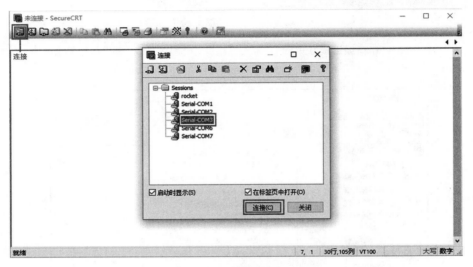

图 7 – 35　连接 COM 口

(2) 如果 Sessions 目录下没有匹配的 COM 口,右击 Sessions 目录,在弹出的菜单中点击"新建会话"选项(图 7 – 36)。

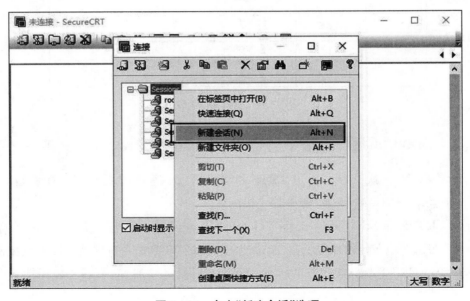

图 7 – 36　点击"新建会话"选项

（3）进入新建会话向导后在"协议"下拉列表中选择"Serial"（图 7 - 37）。

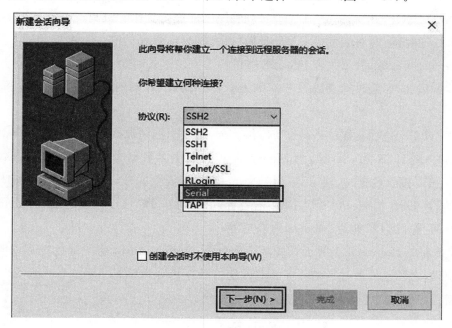

图 7 - 37　选择"Serial"协议

（4）点击"下一步"按钮,设置相应的各项参数,如图 7 - 38 所示（例如在本次实验中,串口通信程序要求设置波特率为 115 200,数据位为 8,奇偶校验位为 None,停止位为 1,流控选择 XON/XOFF）。设置好后依次点击"下一步"→"完成",再在 Sessions 目录下选择匹配的 COM 口,选中之后点击"连接"按钮。

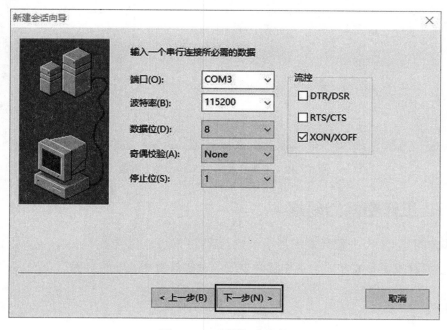

图 7 - 38　设置相应参数

流控有以下三种机制：

① XON/XOFF 机制：利用 PAUSE 帧唤醒功能进行工作的机制。当一方的接收 FIFO 达到高水线的时候，向对端发送 PAUSE 帧（以太网目前定义的唯一一种控制帧）。PAUSE 帧中带一个时间参数，表示收到 PAUSE 帧的一方要停多长时间，如果时间参数不为 0，则停止发送数据报文；如果时间参数等于 0，则表示收到 PAUSE 帧的一方可以马上发送（唤醒功能）。

② RTS/CTS 机制：提供一种在 PC 和 Modem 之间控制数据流的方法，当 Modem 准备接收数据时，使 CTS 为 ON(1)；当 Modem 不能接收更多数据时，使 CTS 为 OFF(0)；类似地，当 PC 可以接收数据时，使 RTS 为 ON(1)；不能接收数据时，使 RTS 为 OFF(0)。

③ DTR/DSR 机制：PC 开启 DSR 信号告诉 Modem，PC 已经准备通信，Modem 通常开启 DSR 来应答，让 PC 知道 Modem 准备应答。

（5）此时的 SecureCRT 界面如图 7 - 39 所示，Serial-COM3 前的绿色对号说明此时端口配置正确，之后也可通过点击图中的 按钮打开连接会话界面。保持 SecureCRT 启动以等待之后程序运行时 SecureCRT 显示程序的输出。

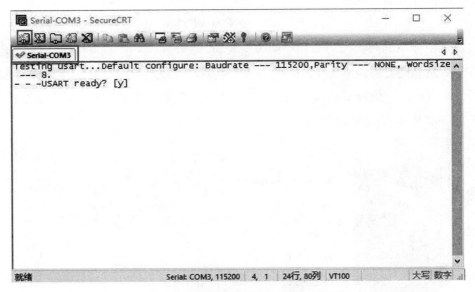

图 7 - 39　设置完成后的 SecureCRT 界面

7.3.3　工作空间的创建

工作空间是 CDK 工程开发的最小单位，工作空间可以包含多个工程，也可以仅包含一个工程，建议开发者不要在一个工作空间中放入过多没有相关性的工程。

1) 创建工作空间

在开启 CDK 后的欢迎界面中如果没有工作空间,用户可以通过两种方式创建。

(1) 在菜单栏依次点击 File→New→New Multi-Project Workspace,如图 7-40 所示。

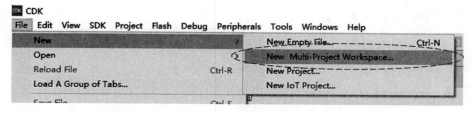

图 7-40　点击 File→New→New Multi-Project Workspace 菜单项

(2) 在菜单栏依次点击 Project→New Multi-Project Worksapce,如图 7-41 所示。

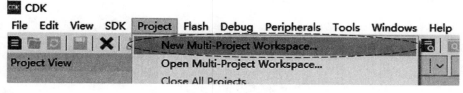

图 7-41　点击 Project→New Multi-Project Worksapce 菜单项

通过这两种方式都会弹出创建工作空间的对话框,如图 7-42 所示,其中包含以下设置:

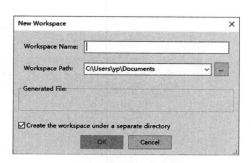

图 7-42　创建工作空间的对话框

① Workspace Name:输入工作空间的名称,名称的长度不能超过 64 个字符,以大小写字母、下划线或者数字开始,可以包含大小写字母、数字等常用符号,但不能包含空格、中文等特殊符号。

② Workspace Path:选择工作空间保存路径,建议不要选择包含空格、中文等特殊字符的路径。

③ Generated File:实时显示被创建的 .cdkws 文件的全路径。

点击 OK 按钮,完成工作空间的创建,在工程视图窗格中会显示已经创建的工作空间。

创建完工作空间之后,用户可以进行创建工程或者导入已有工程等常用操作。

2）关闭工作空间

用户有两种方式来关闭一个已经打开的工作空间。

（1）在菜单栏依次点击 Project→Close All Projects，如图 7 - 43 所示。

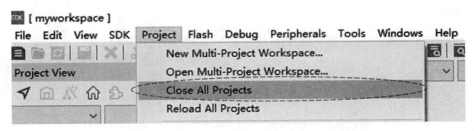

图 7 - 43　点击 Project→Close All Projects 菜单项

（2）右击打开的工作空间的名称，在弹出的菜单中选择 Close All Projects，如图 7 - 44 所示。

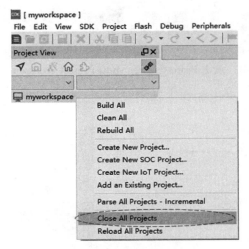

图 7 - 44　选择 Close All Projects 菜单项

3）导入工作空间

用户可以将已有的工作空间导入 CDK 中。首先需要关闭 CDK 中现有的工作空间，然后可以通过在菜单栏依次点击 Project→Open Multi-Project Workspace，导入已有的一个工作空间，如图 7 - 45 所示。

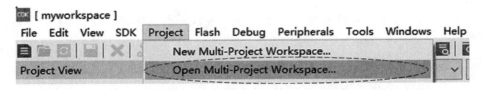

图 7 - 45　点击 Project→Open Multi-Project Workspace 菜单项

7.3.4　工程的编辑

工作空间创建完成后,可以在工作空间中导入或创建工程(Project),并对工程进行编辑。

1) 创建工程

用户可以通过三种方式创建工程。

(1) 在菜单栏上依次点击 File→New→New Project…,如图 7 - 46 所示。

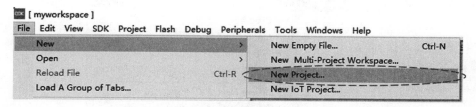

图 7 - 46　点击 File→New→New Project…菜单项

(2) 在菜单栏上依次点击 Project→New Project…,如图 7 - 47 所示。

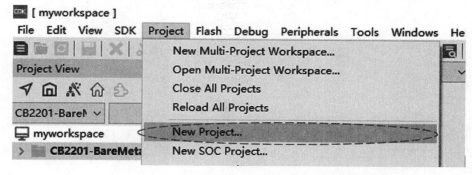

图 7 - 47　点击 Project→New Project…菜单项

(3) 以鼠标右键点击工作空间,在弹出的菜单中选择 Create New Project…,如图 7 - 48 所示。

通过这三种方式都会弹出创建工程的对话框,如图 7 - 49 所示,其中包含以下设置:

① Name:所创建工程的名称,以下划线、大小写字母、数字开头,并且包含数字、大小写字母、下划线等常用字符,不能包含中文、空格等特殊字符。

② Description:模板工程基本信息的描述,之后可以在工程配置中再次进行修改。

③ Template list:模板工程列表,这是一个二级目录,顶层目录是厂商名称,二级目录是 SOC 的具体系统名称。

④ Search:工程过滤框,方便用户在 Template list 中快速过滤出自己想要的工程,Template list 中所显示的工程会根据这里输入的内容进行匹配,如果这里没有任何匹配的工程,则显示全部工程。

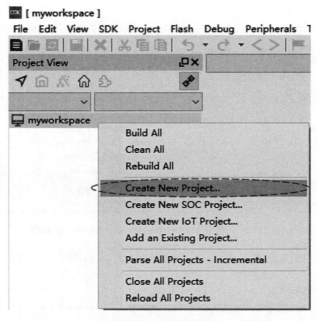

图 7 - 48　选择 Create New Project…菜单项

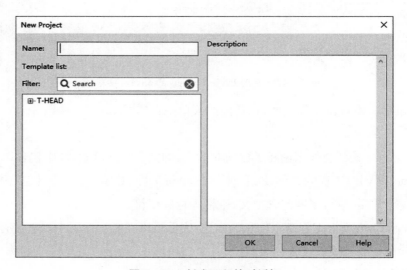

图 7 - 49　创建工程的对话框

2) 导入工程

用户可以将已有的工程导入工作空间。以鼠标右键单击工作空间,在弹出的菜单中选择 Add an Existing Project…,如图 7 - 50 所示。

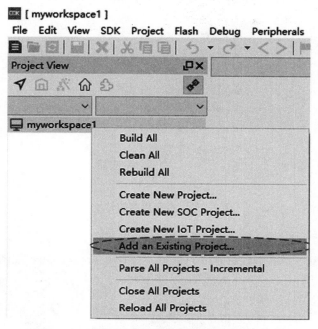

图 7 - 50　选择 Add an Existing Project…菜单项

除了上述创建和导入工程的方法,还可以直接打开工程文件,此时 CDK 会把打开的工程文件放在默认工作空间中。

(1) 找到需打开程序的 CDKPROJ 文件,用 CDK 打开,如图 7 - 51 所示。

图 7 - 51　选择需打开程序的 CDKPROJ 文件

（2）如图 7-52 所示，在 CDK 中依次展开文件夹，打开最底部的 C 文件。

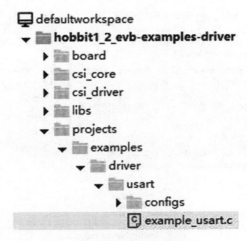

图 7-52　打开程序的 C 文件

3）关闭工程

以鼠标右键单击工作空间，在弹出的菜单中选择 Close Project，如图 7-53 所示。

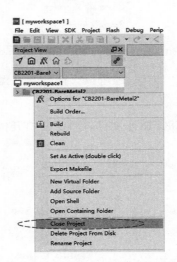

图 7-53　选择 Close Project 菜单项

7.3.5　ELF 文件的添加

在编辑界面中依次单击菜单栏上的 Flash→Flash Management…选项,如图 7 - 54 所示。

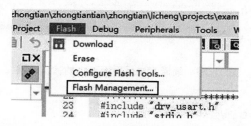

图 7 - 54　点击 Flash→Flash Management…菜单项

在弹出的对话框中点击 Add 按钮,如图 7 - 55 所示。

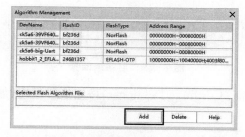

图 7 - 55　点击 Algorithm Management 对话框中的 Add 按钮

找到 hobbit1_2_eflash_CDK.elf 文件,点击此文件将其添加进来,如图 7 - 56 所示。

图 7 - 56　添加 hobbit1_2_eflash_CDK.elf 文件

7.3.6　工程文件的编译

在编辑界面的工具栏中点击 Build Project 编译按钮,如图 7 - 57 所示。

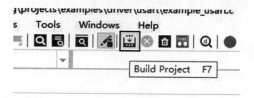

图 7 - 57　点击 Build Project 编译按钮

等待编译,编译完成后,编辑界面下方的输出窗格内会显示如图 7-58 所示的内容。

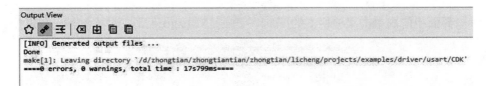

图 7-58 编译完成后界面下方的输出窗格

7.3.7 工程文件的调试

在编辑界面的工具栏中点击 🔍 按钮启动编译器,如图 7-59 所示。

图 7-59 启动编译器

进入调试界面后,点击 ▶(Continue Debugger)按钮运行程序,如图 7-60 所示。

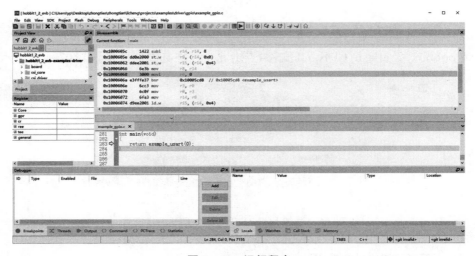

图 7-60 运行程序

在 SecureCRT 界面观察程序输出结果,之后可根据提示进行逐步的验证,如程序相关参数需要重新设置,可点击 🔲 按钮重新设置相关参数;如果要断开串口设备,则只需要点击 🔲 按钮即可,如图 7-61 所示。

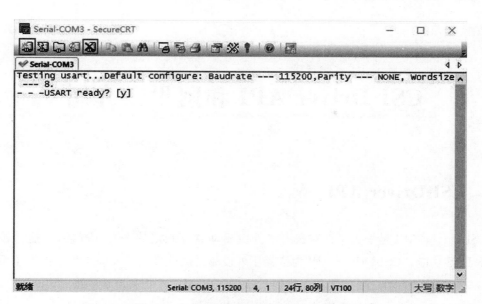

图 7‑61　参数的重新设置与设备的断开

可点击■按钮使程序暂停,或者再次点击◎按钮退出编译器,如图 7‑62 所示。

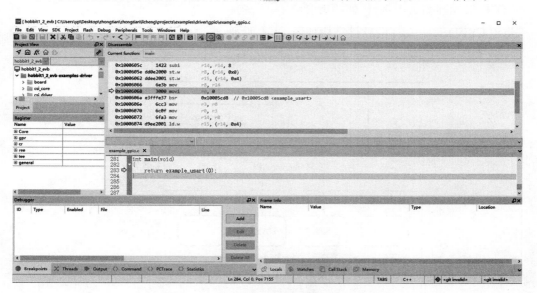

图 7‑62　程序的暂停与编译器的退出

第 8 章

CSI-Driver API 和阿里云介绍

8.1 CSI-Driver API

CSI-Driver API 是平头哥针对嵌入式外设驱动软件制定的一套标准接口，这些接口独立于 RTOS 功能。CSI-Driver API 为依赖于外设驱动的软件组件及应用程序提供了标准统一的接口，从而可为用户带来便利。使用 CSI-Driver API 可带来如下好处：

（1）提高软件与应用的重用性，软件和应用将不依赖于具体的外设类型。

（2）简化开发者的学习过程，缩短产品投放市场的时间。

（3）提供标准测试用例，供使用者参考。

使用 CSI-Driver API 的软件结构如图 8-1 所示。

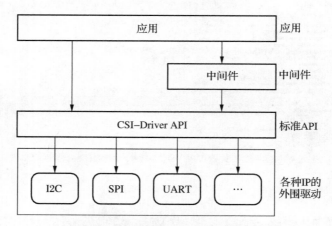

图 8-1 使用 CSI-Driver API 的软件结构

CSI-Driver API 是一套标准通用接口，设计时遵循通用的设计原则，以覆盖各种外设的标准功能；同时接口遵循简化原则，包括接口的个数以及接口的参数设计，以方便用户使用。

CSI-Driver API 遵循如下规则：

（1）函数接口以 csi_<dev_name>_ 前缀命名。

（2）兼容系统标准的错误码。

（3）驱动实例以句柄定义，以屏蔽不同型号设备之间的实现差异。驱动初始化时返回实例句柄,后续关于具体实例的操作函数都会带有实例句柄作为参数。用户不应该对句柄的类型做任何假设,或者对其进行修改。

(4) 初始化时可通过实例序号或管脚号获取实例句柄。

(5) 驱动都有获取驱动能力的接口。对同一种类型的外设,其使用的硬件 IP 不同,其支持的能力也不同。在使用接口时建议先获取驱动能力,再进行相关的操作。

(6) 驱动都有初始化接口,且初始化时可以带一个回调函数。这个回调函数可以处理驱动接口的异步事件,比如通知发送或接收完成,或者通知出错。每个回调函数都会带一个事件的类型参数。回调函数由用户编写,并且根据驱动传递的事件类型进行对应的操作。

(7) 驱动都有反初始化接口,用于释放驱动相关的软、硬件资源。

(8) 一般驱动都有一个配置函数,用于配置设备的属性。

(9) 对通信接口类驱动(如 USART、I2C、SPI 等),一般都有发送、接收、停止传输三个接口。发送和接收接口设计为异步,即这些接口返回时不代表真正发送或接收完。要判断数据是否已传输(发送或接收)完成,可以采用如下方式:

① 通过 *_get_status 函数获取传输的状态。状态位可以指示传输是否已经完成或出错。

② 通过接口初始化时的回调函数。传输完成或出错时驱动会执行相应的回调函数。一般回调函数会在设备的中断中调用。

接口使用的典型流程描述如下:

(1) 获取驱动能力。

(2) 初始化驱动,初始化时带管脚号或者实例序号,成功后返回实例句柄。

(3) 开启设备。

(4) 根据句柄对实例进行相应的操作。操作的过程中可以查询状态,或者通过驱动的事件通知进行操作。

(5) 停止设备。

(6) 使用完成后关闭外设。

8.2　阿里云

云计算的快速发展离不开计算能力的升级,企业的数字化转型、业务的数据化也同样离不开计算能力的更新换代。下面以阿里云当前的产品体系为例,介绍一个实际的云计算系统产品构成。

阿里云为企业、行业在智能新时代进行业务数字化转型提供了一个完整的、全面的云计算技术产品体系。阿里云的云服务产品共计 200 余款,深度面向云基础设施、人工智能、物联网、数据平台四大关键技术,同时与安全技术组成五位一体的产品体系,即 ACID＋S(AI、Cloud、IoT、DataPlatform＋Security)产品体系,为企业提供生产、商业、客服等一系列链条的智能化云服务,其中 Cloud 部分为云基础设施与云应用等传统云产品体系,是当前产品全图的一个组成部分,与其余 ACID＋S 产品共同组成了完整的产品体系,具体包括:

1）人工智能(AI)

阿里云提供全面的人工智能平台和服务,此类产品提供云原生的机器学习和深度学习技术来应对不同场景和需求。

(1) AI 平台。机器学习 PAI 产品是构建于阿里云 MaxCompute、GPU 等计算集群之上、基于阿里云分布式计算引擎的机器学习算法平台,支持业内主流深度学习框架以及 GPU 分布式计算,提供 100 余种算法组件,包括数据处理、特征工程、机器学习算法、文本算法等,同时实现可视化操作界面及完整的数据挖掘链路,帮助用户快速实现业务 AI 化。

(2) AI 服务。阿里云提供云端的智能语音交互、人脸识别、印刷文字识别(OCR)、图像识别、自然语言处理、图像搜索、智能对话分析服务等人工智能服务产品。同时,还提供 SCA、人工智能众包等人工智能框架性产品。

2）云(Cloud)

阿里云提供从下到上、不同层次的云服务产品,涵盖云计算基础服务、中间件服务、运维管理、企业服务等产品,主要有:

(1) 云计算基础服务产品,包括弹性计算、网络、存储、数据库等云计算常见的虚拟化资源产品。

(2) 云计算中间产品,包括视频与 CDN、中间件服务、云通信、运维管理、研发协同等产品。

(3) 企业办公与企业服务产品。包括应用服务、移动服务、企业办公、智能客服等产品。

3）物联网(IoT)

为了实现万物互联,阿里云构建了多种特定的 IoT 产品,例如物联网套件、物联网边缘计算、物联网无线连接服务、号码隐私保护、智联车管理云平台等,这些产品帮助用户收集数据并将其发送到云中,轻松加载和分析该信息以及管理设备,使用户可以专注于开发适合自身需求的应用程序。

(1) 物联网套件产品。这是阿里云专门为物联网领域的开发人员推出的一站式设备管理平台,该平台提供性能强大的 IoT Hub,方便设备和云端稳定地进行双向通信,保证全球设备都可以低延时地与云端通信,实现多重的防护能力,保障设备的云端安全,同时具备稳定可靠的数据存储能力和功能丰富的设备管理能力,方便用户进行海量数据设备存储、实时访问及远程设备维护。

(2) 物联网边缘计算产品。这是一种允许用户以安全方式在互联设备上实现本地计算、消息收发、数据缓存、同步功能的产品,可将阿里云无缝扩展至设备,近乎实时地响应本地事件,以便在本地操作其生成的数据,减少传输到云的原始数据量,最大限度地降低将 IoT 数据传输到云的成本。

(3) 物联网无线连接服务产品。旨在提供一个安全、稳定、高效的无线连接平台,帮助用户低成本、快速地实现"设备—数据—应用—云服务"之间可靠、高并发的无线连接。用户无须自己搭建,借助阿里云可实现快速搭建物联网应用平台。

4) 数据平台(DataPlatform)

阿里云 DataPlatform 提供了大量的数据产品,包括数据基础服务、数据分析及展现、数据应用等产品,具体如下:

(1) 数据基础服务。数据基础服务产品是阿里云数据服务的基石,解决数据的存、通问题,用相同的数据标准将数据进行正确的关联,进而可以进行上层数据分析及应用,包括 MaxCompute、DataWorks、分析型数据库、流计算、数据集成等产品。

(2) 数据分析及展现。通过数据分析及展现产品,实现现有信息的预测分析和可视化,帮助用户快速获得切实有效的业务见解,包括 DataV 数据可视化、QuickBI、画像分析、I+关系网络分析等产品。

(3) 数据应用。数据应用产品连接用户、数据及算法,为用户提供基于阿里云数据的应用解决方案,包括推荐引擎、公众趋势分析、企业图谱 E-profile、营销引擎 OpenAD、智能物流调度引擎、鲁班、城市之眼、城市大脑等产品。

5) 安全(Security)

阿里云提供专业的安全产品和服务云盾,确保云计算产品提供业务、数据、应用、服务器、网络、管理等不同层次的安全功能,具体包括业务安全、数据安全、应用安全、服务器安全、网络安全、安全管理等功能。

阿里云于 2017 年底推出的神龙云服务器采用了阿里云自主研发的虚拟化 2.0 技术,其最大革新之处在于,不仅支持普通虚拟云主机,而且全面支持嵌套虚拟化技术,保留了普通云主机的资源弹性,并借助嵌套虚拟化技术保留了物理机的体验。神龙云服务器有着四大特性:极致性能、加密计算、秒级交付、云产品兼容。

(1) 极致性能。区别于虚拟机,神龙云服务器让用户独占计算资源,无虚拟化性能开销和特性损失;目前支持 8 核、16 核、32 核、64 核、96 核等多个规格,并支持超高主频。以 8 核产品为例,神龙云服务器支持 3.7~4.1 GHz 的超高主频,能够使游戏以及金融类业务的性能和响应达到极致。

(2) 加密计算。除了具备物理隔离特性之外,为了更好地保障用户的云上数据安全,神龙云服务器采用了芯片级可信执行环境,具备加密计算能力,确保加密数据只能在安全可信的环境中计算。这种芯片级的硬件安全保障相当于为云上用户的数据提供了一个保险箱功能,用户可以自己掌控数据加密和密钥保护的全部流程。

（3）秒级交付。神龙云服务器在运维管控方面则具备云服务器的优势,使用体验和普通虚拟机保持一致。秒级交付的特性将更好地满足大中型企业的高性能弹性计算的需求。

（4）云产品兼容。神龙云服务器能够与阿里云上其他云产品互联互通,如虚拟机、虚拟网络、负载均衡、数据库、弹性 IP 等,能够提供给用户更多的选择,打造更完整的云端解决方案。

后续上云具体实验请参阅《玄铁 802/803 实验指导书》。

参考文献

[1] BARRY P, CROWLEY P. Modern Embedded Computing：Designing Connected, Pervasive,Media-Rich Systems[M]. Waltham,MA：Elsevier,2012.

[2] HENNESSY J L,PATTERSON D A. 计算机体系结构：量化研究方法[M]. 5 版. 贾洪峰,译. 北京：人民邮电出版社,2013.

[3] ANDO H. 支撑处理器的技术：永无止境地追求速度的世界[M]. 李剑,译. 北京：电子工业出版社,2012.

[4] STALLINGS W. 计算机组织与体系结构[M]. 7 版. 张昆藏,等,译. 北京：清华大学出版社,2006.

[5] BRYANT R E,O'HALLARON D. 深入理解计算机系统[M]. 2 版. 北京：中国电力出版社,2010.

[6] HENNESSY J L, Patterson D A. Computer Architecture：A Quantitative Approach[M]. 4th ed. San Francisco：Morgan Kaufmann Publishers,2006.

[7] ARM Ltd. AMBA Specification(Rev 2.0)[S]. Cambridge,Eng：ARM Ltd,1999

[8] KEATING M，BRICAUD P. Reuse. Methodology Manual for System-on-a-Chip Designs[M]. 3rd ed. Boston：Springer,2002.

[9] 唐杉. 基于片上网络互联的 SoC 调试技术研究[D]. 北京：北京邮电大学,2007.

[10] 王祺. 基于应用的片上网络设计与性能评估[D]. 南京：南京航空航天大学,2009.

[11] 东南大学国家 ASIC 工程中心. SEP4020 嵌入式微处理器用户手册[M]. 南京,2008.

[12] BLEEKER H, VAN DEN EIJNDEN P, DE JONG F. The Boundary-Scan Test Standard[M]. Springer US,1993：19 - 50.

[13] 杜春雷. ARM 体系结构与编程[M]. 北京：清华大学出版社,2003.

[14] YIU J. ARM Cortex-M3 权威指南[M]. 宋岩,译. 北京：北京航空航天大学出版社,2009.

[15] SWEETMAN D. MIPS 体系结构透视[M]. 李鹏,鲍峥,石洋,等,译. 北京：机械工业出版社,2008.

[16] PATTERSON D. A,HENNESSY J L. 计算机组成与设计：硬件/软件接口[M]. 康继昌,樊晓桠,安建峰,等,译. 北京：机械工业出版社,2012.

[17] 北大众志. Book3-UniCore-2 处理器结构手册-v2.12[EB/OL]. [2011-01-02].

[18] 凌明. 嵌入式系统高级 C 语言编程[M]. 北京:北京航空航天大学出版社,2011.

[19] 凌明. Cache/SPM 共存架构的动态存储布局优化技术研究[D]. 南京:东南大学,2011.

[20] 王学香. SoC 高层建模和存储子系统内存布局优化技术研究[D]. 南京:东南大学,2009.

[21] 韩超,梁泉. Android 系统原理及开发要点详解[M]. 北京:电子工业出版社,2010.

[22] 陈春章,艾霞,王国雄. 数字集成电路物理设计[M]. 北京:科学出版社,2008.

[23] KEATING M,FLYNN D,AITKEN R,et al. Low Power Methodology Manual:For System on Chip Design[M]. NY:Springer,2007.

[24] 时龙兴,凌明,王学香. 嵌入式系统:基于 SEP3203 微处理器的应用开发[M]. 北京:电子工业出版社,2006.

[25] 杭州中天微系统有限公司. 中天微 CK803S 用户手册[M]. 杭州:杭州中天微系统有限公司,2014.

[26] 张培勇,严晓浪. 嵌入式系统芯片设计:基于 CKCPU[M]. 北京:电子工业出版社,2019.